激励与文化
视角下的知识共享研究

杨忠 等著

商务印书馆
The Commercial Press

感　　谢

国家自然科学基金面上项目"知识转移的困境:知识特性、知识所有权与组织激励"(70872044)

国家自然科学基金面上项目"团队知识共享跨层次研究:前因、结构与有效性——中国情境文化特征的调节作用"(71272106)

出　版　前　言

　　早在 20 世纪 80 年代，管理学大师彼得·德鲁克就预见"未来的典型企业应该被称为信息性组织"；其著作《后资本主义社会》描绘了一个以知识为核心的社会，在这个社会中个体与知识联系紧密，知识生产率成为了国家、地区、行业以及组织竞争制胜的决定性因素。无独有偶，同一时期美国著名经济学家罗默和卢卡斯提出了新经济增长理论；该理论将知识作为经济增长的一个独立内生因素，并指出世界经济增长主要依赖于知识的生产、扩散、积累和应用。此后时隔不到十年，经济合作与发展组织（OECD）于 1996 年正式向世人宣告："全球已经进入知识经济时代，知识经济将成为 21 世纪的主导型经济形态"。

　　伴随着知识经济时代的悄然到来，知识日渐代替了劳动力、资本、物质等传统资源，成为组织最宝贵的核心资源，也为组织谋求持续竞争优势提供了实质性来源。为了充分发挥知识这一战略性资源的效用,与之相关的知识管理(knowledge management)自 20 世纪 90 年代起亦成为国内外企业关注与实践的新焦点。纵观知识管理在全球落地的二十多年,国内外企业对知识管理实践的热情非但不减且逐年升温。依据 KPMG(毕马威)的研究报告,美国已有超过 60％的大型企业导入了知识管理;欧洲则更高,70％的大型企业已经导入或正在进行知识管理。受西方知识管理热潮的影响,国内一批知名企业(如联想、万科、青岛啤酒等)纷纷追随西方企业的步伐,如火如荼地展开了知识管理实践。这些现象足以说明知识管理在当代组织的战略地位凸显和价值所在。

众所周知,组织中的知识大多依附于员工个体而存在;员工如果对知识不加利用,知识本身无法为组织创造价值。一般而言,员工有两种创造知识效用的途径:其一,员工通过运用自身知识创造个人绩效;其二,员工通过与他人共享知识,满足他人知识需求,进而创造组织绩效。相关学术研究和企业实践纷纷表明:员工之间的知识共享(即途径二)是组织追求知识效用最大化的关键所在。经济合作与发展组织(OECD)在《以知识为基础的经济》一书中也指出:"在知识经济中,组织不仅要权衡其生产知识的效率,还要权衡其传播知识的功能(即知识在企业内部的共享程度)"。这就说明,知识共享不仅是支撑知识创新的重要一环,也是组织成功实施知识管理的关键所在。

虽然知识共享的重要性不容小觑,然而员工在组织内广泛的参与知识共享更多是组织对员工的期望行为而非员工的现实行为。"物以稀为贵"的经济逻辑导致了员工惯性地囤积或匿藏知识。究其根源,知识共享存在两大社会困境:其一,在知识的共享过程中容易存在"搭便车"现象(即员工可以无偿享受他人贡献的知识资源);其二,当知识被共享后,即为组织的公共物品,会诱发"公地悲剧"的产生(即员工出于利益最大的动机,会尽量占用更多的公共资源,最终会引致公共资源的匮乏)。加之,员工与他人共享知识的工作行为并不能轻易地被组织衡量或考核,进而也就难以从组织获得相应的补偿。因此,著名知识管理专家达文波特(Davenport)一针见血地指出:个体有匿藏知识的天性。由此可见,"改变员工共享知识的行为"俨然已成为当代组织施行知识管理面临的最大挑战。

知识共享是一种受员工主观意愿控制的自发行为,因此知识共享不可能通过强制的方式得以实现,而是依赖于组织对员工积极的鼓励。为此,国内外学者纷纷强调:组织应设计有效的激励机制来促进员工的知识共享意愿。然而近年的一些理论研究却得出不一致的结论,即组织的一些激励措施对知识共享并不产生显著影响,甚至某些不当的激励措施对知识共享会产生负效应。管理实践中也有越来越多现象表明基于理论研究的激励措施难以真正催生员工知识共享的意愿,"有激励而无共享"的现象普遍存在。从新制度经济学的观点来看,组织激励不如人们预期的有效是因其本身并不完备,这时需要能够引导成员价值观取向和行为规范的组织文化作为非正式制度对组织激励这一正式制度发挥弥补作用。在诸多管理实践中,激励与文化往往也是共生共存、互为补充的。正是基于这样的考虑,本书尝试分别从正式制度视角下的激励和非正式制度视角下的文化入手,对员工知识共享的行为过程、绩效和机理展开全面、系统、深度的剖析,以期为组织破解知识共享的"社会困境"提供理论依据与实践对策。

本书写作有如下三点特色:

1. 逻辑推演与实证检验结合。本书在梳理与借鉴国内外知识共享研究成果的基础上,运用组织行为学、经济学、心理学等学科领域的多个中层理论工具,分别对激励和文化如何作用于员工知识共享行为进行了严密的逻辑推演,并构建了激励和文化影响员工知识共享行为的理论模型。在此基础上,本书通过大样本问卷调研与数理统计分析,验证了本书所提出的理论模型的科学性与普适性。

2. 理论原理与实践对策并重。本书不仅在理论上揭秘了激励和文化与员工知识共享行为之间的"黑箱",有助于组织管理者清晰解读激励和文化对员工知识共享行为的作用机理;并且分别从(外在/内在)激励和(国家/组织)文化多个视角提出了改善员工知识共享行为的实践对策,有助于组织管理者有针对性地强化对员工知识共享行为的管理或引导。

3. 国际化与本土化兼顾。本书在行文中除了引用西方的权威理论和先进的研究成果,还兼顾了"本土契合性"。例如,本书在探讨文化对知识共享的作用机理过程中，不仅分析了西方文化对知识共享的影响，还探索了中国本土文化对我国员工知识共享的影响。再如，本书提出的若干理论模型虽是基于西方的经典理论加以推演，但同时又通过中国被试的问卷调研数据加以验证。

基于上述特色，本书不仅可以作为组织行为学、知识管理、情报信息学领域的学者(研究人员、教师或研究生)理论研究或学习的参考资料，并且也对正在从事或有志于从事组织知识管理的经理人员具有较强的参考价值。

本书由南京大学商学院杨忠教授确定写作的指导思想、整体框架、主体内容、基本观点和写作风格，杨忠教授的博士后、博士研究生和硕士研究生们参与了本书的创作。其中第1章由河海大学商学院副教授、南京大学商学院博士后邓玉林完成；第2章由江苏省委党校副教授、南京大学商学院博士顾慧君完成；第3章由南京大学商学院副教授冯帆完成；第4章由南京大学商学院博士黄彦婷完成；第5章由江苏科技大学经济管理学院副教授、南京大学商学院博士金辉完成；第6章由南京理工大学经济管理学院段光博士完成。南京大学商学院夏瑞卿博士、李婧娴硕士参与了资料收集、整理和书稿校对等方面的工作。在此，对各位创作成员表示诚挚的谢意。在撰写过程中，本书参考和应用了国内外学者的相关研究成果，一并深表谢忱。

本书若有疏漏或不当之处，敬请专家、学者、企业家和广大读者批评指正。

目 录

1

绪　论

　　知识经济时代,作为企业核心生产要素的知识只有通过相互交流、学习、共享才能得到发展,知识的共享范围越广,其利用、增值的效果越好,知识只有被更多的人共享,才能使知识的拥有者获得更大的收益。但知识共享却不可能通过强制的方式得以实现,而是依赖于组织对个体积极的鼓励以及良好的共享氛围,其合理模式应该是"个人拥有,自愿分享"。由此可见,如果没有充足的内外激励和积极的共享文化,个体面临种种知识共享的成本与风险必然会成为组织推进知识共享的障碍。因此,本书将关注组织的激励与文化对个体知识共享行为的作用机理与导向效用,并进而探讨通过构建有效的团队来达到有效的知识共享。围绕上述基本思路,本章将首先探讨知识共享这个研究主体的内涵以及构念的特殊性,分析当下知识共享实践中所遇到的困境和有待解决的难题,然后简要介绍本书的核心研究内容,最后对全书结构进行了总体安排。

1.1　知识共享的内涵

1.1.1　知识共享的研究背景

　　知识共享的概念伴随着知识管理理论和实践的产生而出现,以知识为基础的企业理论认为企业的核心能力源自企业促进内部成员间知识共享(Grant，1996)①。在最初的有关知识管理的研究中，学者们仅仅把知识共享作为知识管理的一个子内容来研究，随着知识管理理论的丰富发展，组织实施知识管理的目的更加凸显为充分利用组织现有的知识资源来培养知识创新能力。在此过程中知识共享是最难解决的问题，同时也是组织知识创造的重要途径，因此知识共享问题逐渐从知识管理中提取出来，成为一个独立的研究对象，其重要性得到了学术界和实践界的普遍认同，知识共享主题也成为众多研究关注的焦点。在知识共享的研究初期，学术界更多聚焦于信息技术(IT)对知识共享的作用，期望通过搭建畅通的信息平台使得个体知识共享更加容易。然而，信息技术仅为知识共享提供了必要的技术支撑，但"信息系统并不能够增加个体分享知识的意愿"(Davenport & Prusak，1998)②。顺利地实现知识共享之所以并不容易，更多是因为并非每个组织成员都乐于将个人知识与其他成员分享(Argote et al，2003)③。综合国内外知识共享领域的研究进展(邱茜等，2010)④，可以发现知识共享的研究重点已经从早期共享的技术实现问题转变为侧重对共享行为本身的理论研究。知识共享过程通常会涉及主体、行为、知识本身、渠道等因素，作为知

---

① Grant R.M.. Toward a knowledge-based theory of the firm, [J]. *Strategic Management Journal*, 1996, 17(Special Issue):109-122.

② Davenport T., Prusak L.. Working Knowledge: How Organization Manage What They Know [M]. Harvard Business School Press, 1998.

③ Argote L., Mcevily B., Reagans R.. Managing knowledge in organizations: an integrative framework and review of emerging themes [J]. *Management Science*, 2003, 49(4):571-582.

④ 邱茜，张春悦，魏云刚等.国外知识共享研究综述[J].情报理论与实践，2010，(03):120-125.

识载体和共享行为执行者的人在知识共享中的作用引起了越来越
多的关注，其态度、动机、能力、行为等方面的研究取得了很大进展。

1.1.2　知识共享的定义

根据研究层次的不同，知识共享可以分为个体、团队和组织等
不同层面。"共享知识，无论是显性还是隐性，都需要个体来完成"
(Bartol & Srivastava，2002)[①]，因此知识共享的大部分定义是从个
体的层面来展开的。考虑到知识共享的结果和目的是通过成员个
体的共享行为，达到整个团队或组织都"知晓"知识，陆续有研究将
知识共享的主体从个体层面扩展到团队或组织层面以分析知识共
享的结果变量及有效性。

1. 个体层面的知识共享

个体层面的知识共享诠释主要有两种视角，分别为过程视角与
结果视角，不同研究视角的关注点和研究内容不同，对知识共享内
涵也有不同理解。

（1）个体层面过程视角的知识共享。

从个体层面知识共享的过程视角出发，学者们侧重描述个体知
识扩散与分享的过程机理，主要以知识本身作为研究对象，关注知
识的转化活动、属性变化，或者强调共享主体间的交互过程。野中
郁次郎和竹内(Nonaka & Takeuchi，1995)[②]认为，知识共享是个

---

① Bartol K.M.，Srivastava A.. Encouraging knowledge sharing: the role of or-
ganizational reward systems [J]. *Journal of Leadership & Organizational Studies*，
2002，9(1):64-76.

② Nonaka I.，Takeuchi H.，Takeuchi H.. The Knowledge-creating Company:
How Japanese Companies Create the Dynamics of Innovation [M]. New York: Oxford
University Press，1995.

人间默会与明晰知识互动的过程,默会知识与明晰知识通过共同化、外化、结合、内化四种过程产生互动,这种互动的过程使得成员间的知识得以分享并间接使得成员与组织分享彼此的知识。波特金(Botkin,1999)①认为知识共享是一种知识拥有者和知识需求者之间的联系和沟通的过程。

知识共享行为根据主体的不同,一般可以分为发送方的主动发送行为和接收方的被动接收行为(Ardichvili et al,2006)②。知识的拥有方以演讲、写作或其他行为等形式提供知识,而知识的获取方则必须觉察知识的这种表达,并以模仿、倾听或阅读等方式来认同、理解这些知识,这个沟通的过程即为知识共享的过程。持这种观点的人认为理解能力、沟通是否顺畅是影响知识共享的主要因素。还有学者将知识共享视为一种交易过程,认为个人利益是员工知识共享的主要决定因素,将互惠、交换视为知识共享的具体运行机制。例如:达文波特和普鲁萨克(Davenport & Prusak,1998)③提出正如其他商品与服务,知识市场也有买方、卖方,知识共享就是内部的知识参与知识市场的过程。知识市场中互惠、声誉、利他等非经济变量起着支付机制的作用;影响知识市场运行的主要因素有:交易成本高低、知识拥有者交易时承担的风险高低、知识的本地化特性。同时,他们认为知识交易的过程分别是知识转移和知识吸

---

① Botkin J. W.. *Smart Business: How Knowledge Communities can Revolutionize Your Company*[M]. New York: The Free Press, 1999.

② Ardichvili A., Maurer M., Li W. et al.. Cultural influences on knowledge sharing through online communities of practice [J]. *Journal of Knowledge Management*, 2006, 10(1):94-107.

③ Davenport T., Prusak L.. *Working Knowledge: How Organization Manage What They Know* [M]. Harvard Business School Press, 1998.

收两阶段,并据此提出了一个知识共享的公式:知识共享＝知识转移＋知识吸收。将知识共享视为交易过程,从社会交换角度部分地解释了员工参与知识共享的动机。虽然知识共享与市场交易过程类似,但其中还是存在差异的,如知识共享中的交换利益并没有准确的价格;经济交换的商品在原则上可以完全脱离它们的来源,但知识则不然(Blau,1964)①。

(2)个体层面效果视角的知识共享。

用事物的后果来说明事物,是一种功能主义的定义方式。从个体层面知识共享的效果视角出发的研究关注知识共享所带来的后果,这类研究以功能主义的定义方式,不仅强调知识发送方的知识外化,还强调知识接收方的知识内化,同时原有知识通过共享发酵产生"进阶知识",实现组织内部知识的扩大效应。南希(Nancy,2000)②从"令他人知晓"的观点出发,认为知识共享就是使个人知道,将自己的知识贡献给他人,从而与对方共同拥有该知识。森吉(Senge,1997)③从"互动学习"的视角出发,将知识共享定义为"协助对方发展有效行为的能力,且知识共享必须与对方互动,并成功地将知识转移到对方,形成对方的行动力"。他强调,知识共享不仅仅是一方将信息传给另一方,还包含愿意帮助另一方了解信息的内涵并从中学习,进而转化为另一方的信息内容,并发展个体新的行动能力,也就是创造学习的过程,才可以算是知识共享。在继承森

---

① Blau P.M.. *Exchange and Power in Social Life*[M]. New York: Transaction Publishers,1964.

② Nancy M. D.. *Common Knowledge: How Companies Thrive on Sharing What They Know*[M]. Harvard University Press,2000.

③ Senge P.. Sharing knowledge: the leader's role is key to a learning culture [J]. *Executive Excellence*,1997,14(11):17-19.

吉观点的基础上,亨德里克斯(Hendriks, 1999)①进一步指出知识共享至少涉及两方,一方占有知识而另一方获取知识,占有知识的这方有意无意地通过一些方式(做、说或是写等)来发送知识,而另一方则必须能够接收到这些关于知识的表达,搞清这些意思(通过模仿、听或是读),而且知识共享是一种人与人之间的联系和沟通的过程,当一个人向别人学习东西、共享知识的时候,自己也必须有一个知识重构的过程。

2. 团队/组织层面的知识共享

虽然将知识分给他人,与对方共有这种知识,但它的极致是整个组织都会"知晓"此知识(Nancy, 2000)②。因此,也有学者在界定知识共享的定义时,将知识共享的主体层面从个体扩展到团队或组织。现有关于团队知识共享的研究主要有两种视角,一种是将团队作为知识共享活动的主体,研究团队知识共享行为的前因、作用机制以及影响结果,包括团队间的知识共享等,这类研究中知识共享多作为整体概念看待。例如,阿拉维和莱德纳(Alavi & Leidner, 2001)③将知识共享视为知识扩散,认为"知识共享是知识在组织内扩散的过程,可以发生在个体、团队、组织之间。这种知识扩散能通过不同渠道发生,如正式或非正式,个人或非个人"。李(Lee,

---

① Hendriks P.. Why share knowledge? the influence of ICT on the motivation for knowledge sharing [J]. *Knowledge and Process Management*, 1999, 6(2):91-100.

② Nancy M. D.. Common knowledge: how companies thrive on sharing what they know [M]. Harvard University Press, 2000.

③ Alavi M., Leidner D. E.. Knowledge management and knowledge management systems: Conceptual foundations and research issues [J]. *MIS Quarterly*, 2001, 25 (1):107-136.

2001)①则把知识共享定义为从一个人、小组或组织转移或散布知识到另一方的活动。单雪韩(2003)②认为：知识共享是指个体知识、组织知识通过各种共享手段为组织中其他成员所共享，同时，通过知识创新，实现组织的知识增值，因此知识共享是知识拥有者的知识外化行为和知识获取者的知识内化行为。祁红梅等(2003)③认为，知识共享是指共享的主体(员工、组织)的显性知识和隐性知识通过各种共享手段共同分享，从而转变成组织的知识资产的活动。林东清(2005④)认为，知识共享是组织的员工或内外部的团队在组织内部或跨组织之间，彼此通过各种渠道进行知识交换和讨论，其目的在于通过知识的交流，扩大知识的利用价值并产生知识的效应。孙红萍等(2007)⑤认为，知识共享是知识所有者与群体分享自己的知识，是知识从个体拥有向群体拥有的转变过程。另一种则是将团队作为情境，将个体知识共享行为置于具体团队情境下进行研究，侧重团队内的知识共享行为，使得研究结论更具有针对性(钱春海，2010⑥；van Den Hooff，2004⑦)。

① Lee J. N.. The impact of knowledge sharing, organizational capability and partnership quality on IS outsourcing success [J]. *Information & Management*, 2001, 38(5):323-335.

② 单雪韩.改善知识共享的组织因素分析[J].企业经济,2003，(1):45-46.

③ 祁红梅,陈亮.基于知识的核心粘性成因及对策分析[J].河北经贸大学学报,2003，24(4):62-67.

④ 林东清,李东.知识管理理论与实践[M].北京:电子工业出版社,2005.

⑤ 孙红萍,刘向阳.个体知识共享意向的社会资本透视[J].科学学与科学技术管理,2007，28(1):111-114.

⑥ 钱春海.团队内知识分享行为影响因素的结构性研究[J].南开管理评论,2010，13(5):36-44.

⑦ van Den Hooff B., De Leeuw Van Weenen F.. Committed to share: commitment and CMC use as antecedents of knowledge sharing [J]. *Knowledge And Process Management*. 2004(11):13-24.

值得注意的是,对团队知识共享的研究大多数侧重的都是对知识贡献行为的研究,而知识搜集一般被排除在外(Reinholt,2011)[1]。知识贡献和知识搜集是知识共享的两个不同维度,彼此有着密切关系,同时在不同情境下的作用机制也是有差异的,因此将两种维度同时研究会得出不一样的结论。此外,作为团队层面构念的知识共享描述的通常是团队整体平均共享程度,钱源源(2010)[2]的团队行为多样性研究是个例外,根据多层次理论和团队构成理论,她利用均值、极大值、极小值和方差等指标分析了团队知识共享行为的不同结构特征对团队创新的影响并得出了与以往不同的结论。格里菲斯和索耶(Griffith & Sawyer,2010)[3]强调要理解知识共享是个多层次问题,尤其是同时涉及个体和团队两个层面的过程,目前大多数研究都集中在单一层次或回避了跨层次的问题,这也是团队知识管理有待加强的方面。

3. 知识共享的内涵界定

虽然知识共享在理论界还是缺乏一个严格统一的界定,但通过上述文献回顾,我们对知识共享的内涵进行了进一步提炼,认为:笼统的知识共享是知识拥有者知识外化和知识接收者知识内化的连续、互动的过程,旨在追求组织知识效用的最大化。对该内涵的进一步解释是:

---

① Reinholt M., Pedersen T., Nicolai J.F.. Why a central network position isn't enough: the role of motivation and ability for knowledge sharing in employee networks [J]. *Academy Of Management Journal*, 2011, 54(6):1277-1297.

② 钱源源.员工忠诚、角色外行为与团队创新绩效的作用机理研究:一个跨层次的分析[D].浙江大学,2010.

③ Griffith T. L., Sawyer J.E.. Multilevel knowledge and team performance [J]. *Journal Of Organizational Behavior*, 2010, 31:1003-1031.

（1）知识共享的主体包括两方，即知识发送方的知识拥有者和知识索取方的知识接收者。知识共享的主体层面涵盖了个体、团队、组织。

（2）知识共享的对象是组织内部的知识资源，与物质、资本等其他有形资源的共享不同在于：被共享的知识资源不仅不会损耗，反而会有增值效应。

（3）知识共享的过程是共享主体双方持续互动的过程，包括知识提供者的外化和知识需求者的内化。不仅涉及知识的发送方，也包括知识的接收方。

（4）知识共享的效果是实现组织的知识扩大效应。首先，知识共享强调共享主体双方对知识的共同拥有，这就意味着并不剥夺知识提供者的知识使用权；其次，知识接收者在对知识的内化的过程中，会产生新的"进阶知识"，进而实现知识的加乘效应。

从不同的视角、不同的层次来解读知识共享的内涵，其着眼点与侧重点是不同的。本书根据知识共享不同角度的定义，将首先定位于个体层面的知识共享行为研究，侧重从知识发送方的视角探讨如何将个体的私人知识转变为组织的公共知识。与此同时，考虑到组织层面的知识共享，本书又从团队层面分别考虑知识发送方和接收方，以分析知识共享的有效性。

1.1.3　知识共享、知识转移与知识流动

由于知识活动的开放性和知识本质的复杂性，不同的专家学者对知识共享的内涵理解也很难形成一致的看法。学者们用不同的概念来描述知识分享的内涵，如：知识交易（knowledge transaction），知识分享（knowledge sharing），知识移转（knowledge transfer)，知识散播(knowledge distribution)，知识学习(knowledge learning)，知识沟通(knowledge communication)等等。

虽然学者们采用的术语并不统一，但它们所有表述的核心观念都是知识的分享与交换。因此一些学者并没有严格区分这些相近的概念之间的差异。例如，阿拉维和莱德纳(Alavi & Leidner，2001)①将知识共享等同于知识转移，达文波特和普鲁萨克(Davenport & Prusak，1998)②也没有区分知识共享、知识转移和知识流动三者之间的差异，唐炎华和石金涛(2007)③认为"个体知识转移也叫知识共享"。

福特(Ford，2004)④首次将知识共享、知识转移和知识流动三者进行了区分，她认为知识共享与知识转移的差异在于：知识转移是发生于组织之间的知识流动，知识共享则侧重于组织内部或个体间的知识流动，因此二者所讨论的知识分享的范围不同。而知识共享与知识流动的差异在于：知识流动是一段时间内组织内外的知识多次转换，是知识共享和知识转移的长时间的集成，而知识共享则是组织内部的一次性的转换行为。我国学者林东清(2005)⑤则从正式与非正式的视角试图分析知识共享与知识转移二者的区别，他

---

① Alavi M.，Leidner D. E.. Knowledge management and knowledge management systems: Conceptual foundations and research issues [J]. *MIS Quarterly*，2001，25(1)：107-136.

② Davenport T.，Prusak L.. Working Knowledge: How Organization Manage What They Know [M]. Harvard Business School Press，1998.

③ 唐炎华，石金涛.我国企业知识型员工知识转移的影响因素实证研究[J].管理工程学报，2007，21(1)：29-35.

④ Ford D.P.. Knowledge Dharing: Seeking to Understand Intentions and Actual Sharing [D]. Canada: Queen's University，2004.

⑤ 林东清，李东.知识管理理论与实践[M].北京：电子工业出版社，2005.

认为,知识共享较强调非正式(偶发性)、水平式(非组织主导)、自由式(无固定目标与对象)和个人平等式(无特定提供者与接受者)的学习,而知识转移则视角强调由组织主导、较正式、有明确知识目标、有明确流动方向的知识流动。

本书主要讨论的是知识共享的行为与意愿,所以选定个体层面过程视角的定义,即认为知识共享为个体知识被扩散、分享的过程机理,主要以知识本身作为研究对象,关注知识的转化活动、属性变化,或者强调共享主体间的交互过程。

1.2 知识共享的实践探索

1.2.1 知识共享的现状

经济合作与发展组织(OECD)于 1996 年正式向世人宣告:"知识能够促进生产力不断提高,推动经济长期、稳定的增长,全球已经进入知识经济时代"。与工业经济时代不同的是,在知识经济时代知识代替了劳动力、资本和自然资源成为企业最重要的资源,知识的产生、转移、运用被认为是企业持续竞争力的实质性来源。而这种竞争资源观的转变直接导致了企业管理重心的转移,即由传统的对有形资源的管理转移至对无形知识的管理。

来自毕马威国际会计公司(KPMG)对欧美企业知识管理实践的一组跟踪调查生动地描绘了企业知识管理实践的热情逐年持续升温,该组数据表明,1998 年,欧美企业中只有 43% 的企业采取知识管理措施,而 57% 的企业没有知识管理措施,甚至部分企业根本没有听说过知识管理;到了 2000 年,绝大多数的企业都采取了相关知识管理措施,没有参与知识管理实践的企业锐减至 15%;

2003 年的结果进一步显示所有企业都接受并实施了知识管理实践,并且 51%的被调查企业高层在知识管理活动中的参与度持续增加。巴布科克(Babcock,2004)①对美国企业知识管理实践的调研发现:诸多美国企业为了有效地管理知识资源进而获得知识资源的效益最大化,纷纷致力于组织内部的知识管理系统构建。这些企业在知识管理投入的资金从 2002 年的 20.7 亿美元激增至 2007 年的 48 亿美元。

经济合作与发展(OECD)在《以知识为基础的经济》一书中指出:"在知识经济中,科学系统不仅要权衡其生产知识(研究)和传播知识(教育和培训)的功能,而且要加上第三个需要权衡的功能,即将知识转移至经济部门和社会其他部门,尤其是企业中的功能。"这说明在知识管理中,与知识的生产、知识的传播一样,知识的共享也是支撑知识创新运行的关键环节。达文波特和普鲁萨克(Davenport & Prusak,1998)②等学者指出:知识在员工间的共享是知识管理中的最重要的环节。通过知识共享可将个人的知识变为组织的知识,进而有助于为组织赢得竞争优势(Nahapiet & Ghoshal,1998③;Osterloh & Frey,2000④)。

在知识共享的研究初期,学术界更多聚焦于信息技术(IT)对知识共享的作用,期望通过搭建畅通的信息平台推进个体间的知

---

① Babcock P.. Shedding light on knowledge management [J]. *HR Magazine*, 2004,49(5):46-51.

② Davenport T, Prusak L. *Working Knowledge: How Organization Manage What They Know* [M]. Harvard Business School Press, 1998.

③ Nahapiet J., Ghoshal S.. Social capital, intellectual capital and the organizational advantage [J]. *Academy of Management Review*, 1998, 23(2):242-266.

④ Osterloh M., Frey B.S.. Motivation, knowledge transfer, and organizational forms [J]. *Organization Science*, 2000, 11(5):538-550.

识共享。在现实的知识共享实践中,众多组织不惜重金打造自身的知识管理信息系统,以期通过改进自身的信息技术来促进内部专业知识的共享。然而遗憾的是,这些基于信息技术改进的知识共享措施通常无法实现组织改善内部知识共享的初衷。达文波特和普鲁萨克(Davenport & Prusak,1998)①更是进一步精辟地指出,信息技术仅为知识共享提供了必要的技术支撑,但"信息系统并不能够增加个体分享知识的意愿"。顺利地实现知识共享之所以并不容易,更多的是因为并非每个组织成员都乐于将个人知识与其他成员分享(Argote et al,2003)②。弗尔佩尔和达文波特(Voelpel & Davenport,2004)③针对西门子(中国)公司知识共享成功经验进行了研究,发现创建知识共享新系统不仅仅是一个技术过程,只有对组织和文化的因素给予更多的关注,才能提高成功的概率。一份来自对431家美国和欧洲组织的调查表明:组织实施知识管理实践最大的困难在于"改变人们的行为"(Ruggles,1998)④。博克和基姆(Bockand Kim,2002)⑤认为,组织与其命令(mandating)个体知识共享,不如培育个体知识共享的动机(moti-

---

① Davenport T., Prusak L.. *Working Knowledge: How Organization Manage What They Know* [M]. Harvard Business School Press, 1998.

② Argote L., Mcevily B., Reagans R.. Managing knowledge in organizations: An integrative framework and review of emerging themes [J]. *Management science*, 2003, 49(4):571-582.

③ Voelpel, Davenport,西门子四步走:创建全球知识共享系统,商业评论,2004(9):128-137.

④ Ruggles, Rudy. The state of the notion: knowledge management in practice [J]. *California Management Review*, 1998, Vol.40, No.3, 80-89.

⑤ Bock G.W., Kim Y.G.. Breaking the myths of rewards: an exploratory study of attitudes about knowledge sharing [J]. *Information Resources Management Journal* (*IRMJ*), 2002, 15(2):14-21.

vation)。通过有效的激励方式来促进个体知识共享的意愿,进而实现个体知识共享的行为。吉贝特和克劳斯(Gibbert & Krause, 2002)①也认为,知识共享不可能通过强制(force)的方式得以实现,而是依赖于组织对个体积极的鼓励(encourage)和共享文化的建设。吉尔摩(Gilmour, 2004)②也指出,知识管理的合理模式应该是"个人拥有,自愿分享"。由此可见,如果没有充足的外部激励或内部激励,如果不能创建良好的共享氛围,个体面临种种知识共享的成本与风险必然会成为组织推进知识共享的障碍(Huber, 2001③; Constant et al, 1994④)。

总之,目前企业知识共享失败的案例比较多,成功的比较少。根据国际数据公司(IDC)的数据显示,位列财富500强的公司由于知识不能充分共享每年造成的损失高达315亿美元。在大部分的案例中,并不是缺乏对知识共享的尝试,根本原因在于组织没有真正去研究知识共享失败的两个最大原因:技术太过复杂,以及个人本身的共享意愿,这些因素阻碍了共享的进行⑤。

---

① Gibbert M., Krause H.. Practice exchange in a best practice marketplace [A]. In: Davenport T.H., Probst G.J.B.(Eds.). *Knowledge Management Case Book: Siemens Best Practices*[C]. Erlangen Germany: Corporate Publishing, 2002:89-105.

② Gilmour,知识管理的新模式:个人拥有,自愿分享.商业评论,2004(2):56-60.

③ Huber G P. Transfer of knowledge in knowledge management systems: unexplored issues and suggested studies [J]. *European Journal of Information Systems*, 2001, 10(2):72-79.

④ Constant D., Kiesler S., Sproull L.. What's mine is ours, or is it? A study of attitudes about information sharing [J]. *Information Systems Research*, 1994, 5(4): 400-421.

⑤ 网易科技报道.美国政府在知识共享上的失败, http://tech.163.com/04/0702/19/0QAFH11H000915D6.html.2013-12-03/2004-07-02.

1.2.2 知识共享的困境

哈斯和汉森(Haas & Hansen，2007)[①]指出，在实践中，知识类型的不同以及项目团队的结构不同等等因素都有可能影响到知识共享的成败。卡布雷拉等人(Cabrera & Cabrera，2002)[②]指出，在知识共享的过程中存在着"社会困境"，主要表现为两个方面，一是当知识被组织成员视为公共物品时容易存在"搭便车"现象；二是知识被组织成员作为公共资源时存在的"公地悲剧"会阻碍知识的共享并威胁到企业在知识资源上的积累。

公共物品是一种共享资源，在一个组织中，不论个体是否对该公共物品的形成做出贡献，他们都可以从公共物品中获益，而公共物品的效力并不因为被使用而减少。既然对公共物品是否拥有使用权并不仅仅取决于贡献，个体就存在着"搭便车"的诱惑，比如说，享用资源，但并不对资源的形成做出个人的贡献。在组织的知识管理情境中，组织鼓励大家知识共享，鼓励雇员将知识向群体与组织转移，事实上就是希望形成由组织共有的知识资产，也就是奥斯特洛和弗罗斯特(Osterloh & Frost，2003)[③]所说的"无形资源池"。当组织成员意识到将自己的知识转移出来成为组织的公共资源，却得不到应有的回报时，就没有动力将知识向群

① Haas M.R.，Hansen M.T.. Different knowledge, different benefits: toward a productivity perspective on knowledge sharing In organizations [J]. *Strategic Management Journal*，2007，28:1133-1153.

② Cabrera A.，Cabrera E.F.. Knowledge-sharing dilemmas [J]. *Organization studies*，2002，23(5):687-710.

③ Osterloh M.，Frost J.. Solving social dilemmas: the dynamics of motivation in the theory of the firm，working paper，University of Zurich，2003.

体和组织转移。

"公地悲剧"反映的是资源困境,即当存在公共资源时,个体出于最大化个人利益的动机,会尽量占用更多的公共资源,最终会引致资源的匮乏。在组织的知识管理情境中,知识不同于一般的资源,它不会因为被占用而耗尽,但是,考虑另外一种极端情况,当某类知识构成了权利或利益的来源,也就是说,它的作用等同于有形资源时,个体出于最大化自身利益的动机会将知识私有化,对知识进行控制,避免他人从知识的传播中获益①。拉詹和津加莱斯(Rajan & Zingales,1998)②论证了上述观点,他们宣称,当知识构成了企业里的"关键资源"时,组织成员被赋予对知识的进入权,借助对知识的控制来形成权利的基础。这事实上构成了阻碍知识转移的内在动机。

知识共享的社会困境说明了以下事实:知识只要被当作组织所拥有的无形资源,则其内生的特性就会使得它具备公共财产的特征,面临着"社会困境",在这个困境中,人的自利动机是首要的,或者更准确地说,个体关于知识产权的观念会影响知识的分享(Jarvenpaa & Staples,2001)③,它是知识共享中社会困境形成的来源。组织倾向于把知识更多的界定为公共的,认为组织内成员有义务将自己的知识等同于组织的知识,而个体则倾向于将知识私有化,通过对知识的控制来形成自身权利的基础,群体则可以被认为是缩小

①　对这一在实践中普遍存在现象的经典描述,参见:Feldman & March, 1981.

②　Rajan R.G., Zingales L.. Power in a theory of the firm [J]. *The Quarterly Journal of Economics*, 1998, Vol.113, Issue 2:387-432.

③　Jarvenpaa S L., Staples D.S.. Exploring perceptions of organizational ownership of information and expertise [J]. *Journal of Management Information Systems*, 2001, 18(1):151-183.

了的组织和放大了的个体,由于群体在知识形成中的作用,同一种知识有可能在群体中看作是公共的,而在组织中被看作私有的——即被群体内的各个个体所私有的。

个体知识产权所引致的现象之一,就是在知识共享过程中普遍存在的"知识的私有化"。奥斯特洛和弗罗斯特(Osterloh & Frost, 2003)[①]的研究重点讨论了针对不同属性的知识(隐性知识和显性知识),组织该选择何种激励方式以促进知识共享。他们的研究遵循了以下前提:①知识是异质的;②组织成员是异质的,他们的偏好具有弹性;③当知识被视为公共物品时存在的"搭便车"现象和"公地悲剧"会阻碍知识的转移。也就是进一步将人的异质性这个因素加进来,他们意识到,仅仅采用显性知识和隐性知识这种简单的知识属性二分法难以充分解释知识转移,而人的动机以及因此引致的知识共享的"社会困境"才是最重要的因素。

施丽芳与廖飞(2006)[②]对知识共享的"私有化"现象做了论述。个人是信息处理的主体,对个人而言,他可以在信息的处理过程中采用独立的信息编码方式以加大信息处理成本,也可以通过不对信息进行编码或者有选择的编码来阻碍信息的流动,从而实现信息的私有化。对部门和层级而言,他们力图实现对信息的控制。一方面,他们可以听任成员将信息"私有化"或者指示成员按部门特有的方式对信息编码,从而实现信息在部门或层级内的"私有化"。另一方面,可以通过制定"人为的标准"来干扰信息的抽象过程,以阻碍

---

① Osterloh M., Frost J.. Solving social dilemmas: the dynamics of motivation in the theory of the firm, working paper, University of Zurich, 2003.

② 施丽芳,廖飞.信息需求与 IT 投资的商业价值:组织资本视角的审视[J].经济管理(新管理),2006.(5):9-16.

信息扩散。

卡布雷拉等人(Cabrera & Cabrera,2002)[①]提出了解决知识共享中社会困境的三种途径:重构对组织成员知识贡献进行奖励的支付机制,增强组织成员对自己知识贡献行为功效的感知,促使更多的雇员形成贡献知识的群体认同与个体责任感。奥斯特洛和弗罗斯特(Osterloh & Frost,2003)[②]引入公共选择理论,分析了交易成本理论和基于知识的企业理论是如何克服社会困境的,并综合了两种理论的研究成果,提出了基于动机的企业理论,其核心观点之一就是企业必须针对不同的员工特征提供外生激励和内生激励的组合,从而克服知识转移中的社会困境。卡布雷拉等人的解决方案事实上已经涉及外生激励和内生激励对组织成员的共同作用,而奥斯特洛和弗罗斯特引入了交易成本理论对社会困境进行研究,在卡布雷拉等人的研究基础上,试图提出一个更正式的分析框架。奥斯特洛和弗罗斯特的探索性研究集中反映了一种趋势,即组织经济学和组织理论的融合。卡普兰和亨德森(Kaplan & Henderson,2005[③])在研究中明确阐述了这一趋势。卡普兰和亨德森指出,长期以来,组织经济学者对激励问题的研究主要集中在经济激励方面,这和组织理论学者对信任、惯例等内生激励的研究相分离,而在实践中,这两种激励机制是互相影响、融合在一起的,因此,我们需

---

① Cabrera A., Cabrera E.F.. Knowledge-sharing Dilemmas [J]. *Organization Studies*, 2002, 23(5):687-710.

② Osterloh M, Frost J.Solving social dilemmas: the dynamics of motivation in the theory of the firm, working paper, University of Zurich, 2003.

③ Kaplan S., Henderson R.M.. Inertia and incentives: bridging organizational economics and organizational theory [J]. *Organization Science*, 2005, 16(5):509-521.

要寻求组织经济学和组织理论的融合,以更好地展开知识管理中知识共享激励机制的研究。

另一方面,任何组织或个人都嵌入在一定的社会文化情境之中,进而创造和形成具有本组织特色的文化。文化作为上层建筑是企业经营管理的灵魂,是一种无形的管理方式,同时,它又以观念的形式,作为非正式制度从非计划、非理性的因素出发来调控企业或员工行为,对员工的行为和绩效发挥着重要的影响。沃尔夫冈(Wolfgang)和海西希(Heisig)等人进行的关于"知识管理未来"的全球首次德尔菲法调查报告显示,在阻碍企业知识共享的影响因素中,排在首位的就是企业文化,①因此从知识管理的视角,研究文化对知识共享的影响就很有必要,从文化视角探究其与知识共享的关系,有利于我们更为深入、全面地理解组织内个体员工的共享行为。

1.2.3 知识共享的成功实践

知识共享是非常诱人的,但知识共享需要克服知识共享的困境,如"搭便车"的问题、"公地悲剧"的问题,以及如何激励员工最大限度地参与共享网络建设并公开地和其他成员分享所创造和积累的有价值的知识等问题。过去数年中,许多全球性企业纷纷开始建立自己的知识分享系统,但许多投入应用的知识共享系统都失败了。与大多数企业不同,丰田汽车公司与西门子(中国)公司的知识共享实践则成为了成功的范例。

① [德]马丁,[德]海森格,[德]沃贝克.,知识管理原理及最佳实践[M].赵清涛,彭瑞梅译.北京:清华大学出版社,2004.

1. 丰田汽车公司的知识共享实践——创建与管理知识共享网络[①]

丰田汽车公司(简称"丰田")发展了"共存共荣"哲学,并通过知识吸收、存储、传输过程树立网络认同感。重要的过程包括建立供应商协会,供应商协会主要是发展成员间的联系,并通过多方知识交流来传播隐含知识。它是建立对丰田生产网络或丰田集团认同感的重要手段;建立咨询小组/问题解决小组;建立自愿学习小组/自主研究会/PDA核心小组;以及企业间人员流动,人员流动对于建立网络认同和实现丰田向供应商的知识传递是一种重要的机制。丰田每年大约向价值链上的其他企业(大多是供应商)输送120~130名员工,其中许多是永久性的。这些人员利用从丰田所学的知识来协助生产厂经理进行更有效的经营管理,同时他们也能了解供应商的发展前景和存在的问题,如果供应商需要一种特定的技术或知识,提出申请之后,丰田在整个组织范围内搜寻并将合适人员派驻供应商企业。这样,不仅可以将特定的技术带入企业,而且向供应商输入了丰田的人事、系统和技术知识,进一步强化供应商对网络的认同。这种强烈的网络认同感,可以降低知识共享的成本,而且由于网络中知识的多样化,会产生更多的学习机会。

丰田同时也建立了知识保护和价值分配的网络规则。如丰田极力去除"专有知识"这一观念,倡导公开地共享所有的生产技术知识,这种知识是属于网络的财产,可以为所有成员获取。丰田免费向供应商提供协助,并使其可以接触和运用丰田的经营运作知识和

---

① 范黎波.企业知识共享网络的创建和管理——以日本丰田公司的实践作为案例[J].当代财经,2003,(5):70-73.

知识储备,条件是供应商必须自愿向其他网络成员开放。这使得丰田可以:①培养一些"示范供应商";②促进供应商之间相互开放。因为供应商加入网络的代价是公开自己的经营运作,从而有效减少了"搭便车"问题。这一规则表述为:"加入网络的代价是有限地保护专有生产知识。知识产权属于网络而非单个企业。"丰田建立规则对知识传播所带来收益的分配加以明确。丰田投入巨资发展了运作管理咨询部,使其可以向供应商提供无偿协助,但它并不要求供应商立即降低价格。丰田认为随着供应商的进步,他们均能从中获益。供应商也普遍认识到至少在短期,他们可以拥有知识传递产生的全部收益,因而增加了他们参与的积极性。价值分配的隐含原则可表述为:"知识接收者可在短期完全占有收益,但随着时间的推移,他们需要将部分收益与网络共享"。

为解决知识传递效率的障碍,丰田建立了多样化的知识共享流程和次级网络。丰田建立了一系列双边或多边的流程,以分别促进不同的知识共享。其中一些流程是为促进知识传播,另一些则是为了知识的创新和传播,为提高效率和效果,要求流程与知识类型的吻合。例如,供应商协会有效传播明确知识,而自愿学习小组则对多方的隐含知识传递更为有效。通过创建整个网络的次级网络,单个成员可以与拥有特定相关知识的其他成员建立联系,使得成员可以选择不同的方式来接受、传递不同的知识。

从丰田的实践中可以发现,第一,丰田培养和保持了成员企业对网络的认同,奠定了供应商之间知识传输的基础。第二,丰田把网络的主要功能定位在集合其自身的生产知识和多样化的供应商知识,帮助供应商进行技术改进和创新,传播各种显性的和隐含的知识。第三,丰田所建立的动态网络具有:①激励制约机制的作用,

②开放型网络的特征,③动态合作的特征,以及④动态重组的特征。网络层次制度化的知识共享规程是丰田及其供应商拥有竞争优势的关键,而且,如果网络能产生强烈的认同感并具有有效的协调原则,那么由于其内部知识的多样化,它将在创新和重组知识方面比单个企业更为优越。丰田从文化认同和组织设计两个维度进行了知识共享系统的设计。

2. 西门子(中国)公司的知识共享实践——创建全球知识共享系统①

从 1998 年开始,西门子(中国)公司最大的事业部——信息和通讯网络公司(ICN)开始在其内部建立知识共享系统,经过四个环环相扣、层层递进的阶段,ICN 最终成功地实现了全球性的知识共享。

(1)第一阶段:架构雏形。

ICN 要创建一个不仅能够处理显性知识,而且能够帮助员工将他们个人的隐性知识也贡献出来的系统。为此,首先,ICN 建立了一个互动的架构:共享网,其中包括知识图书馆、为回复"紧急求助"而开设的论坛,以及用于知识共享的平台。其次,选择一个合适领域作为切入口也是知识共享系统成功的关键之一。ICN 的共享网团队选择了首先为销售人员和营销团队建立一个知识共享系统,因为它们通过知识共享所得到的结果是立竿见影的。最后,组织与文化设计。许多企业的知识管理系统最终失败,原因主要在于它们没有注意到整个项目的组织因素。而西门子在共享网的概念形成阶

---

① Voelpel S C., Dous M., Davenport T. H.. Five steps to creating a global knowledge-sharing system: Siemens' ShareNet [J]. *The Academy of Management Executive*, 2005, 19(2):9-23.

段,就收集了所有将要使用共享网的国家的经理和员工的意见。这一做法使该系统能够考虑到不同地域公司的文化差异,并为随后该方案的全球推广直接铺平了道路。

(2)第二阶段:全球推广。

要成功地让共享网络获取全球员工所拥有的隐性知识,西门子采取了一种既能够把全球的知识资源聚集到一起,又可以保留跨文化差异的方法——"全球本土化"的解决方案,即当总部和各地的分公司共同制定共享网的战略方向时,系统的维护工作主要在慕尼黑总部进行。然后,共同制定出的战略方向以及系统的主要战略性维护会落实到各地分公司。为了把这个架构落到实处,西门子分别在各个国家和地区的当地公司里选出共享网经理,还分别设立了共享委员会、全球编辑、IT 支持人员和用户热线,他们和全球各地的投稿者一起组成了一个既注重全球总体战略,又关注各地分公司文化的"全球本土化"组织。在这个组织中,共享网经理们尤其起到了一个跨文化"黏合剂"的作用。

(3)第三阶段:给系统注入动力。

要让员工们向共享网提供和获取解决方案,共享网团队必须持续不断地给系统注入动力。这包括外在激励和内在激励两个方面。一开始,西门子推出了一个"上级奖励制度",作为知识共享的一种短期推动力。但这种制度虽然在初期能在一定程度上刺激共享网的推广,但由于它没有真正地奖励那些知识贡献者,从而难以发挥长期持续的激励作用。于是,共享网经理们决定把重点更多地放在参与者身上,并推出了网上奖励制度。参与者会因为质量高的投稿获得共享网"股票"。事实上,直接把股票换成实物奖励的用户一直较少,投稿的数量和质量等资料的公开化使投稿者可以获得人所共知的"专家地位",这一点日渐成为员工积极利用共享网的内在动力。

(4)第四阶段:向整个集团扩张。

在营销销售等部门获得成功后,共享网开始向研发部门扩展。经过以上四个阶段,共享网获得了初步的成功。

一直以来,实践界特别关注利用先进的通信技术在企业里建立知识共享系统,但许多投入应用的知识共享系统都以失败告终,而西门子的实践除了关注系统的可靠性和可用性等技术因素外,他们在四个阶段更多地注重了组织和文化的因素,从而为其全球知识共享系统铺平了道路。

无论是丰田的经验,还是西门子的实践,均表明技术因素仅是知识共享系统的必备前提之一,知识共享系统能否成功还有另外更重要的因素,即组织和文化的因素,因为主体对待知识共享的态度和意愿势必会受到组织与文化因素的无形影响。

1.2.4 知识共享的激励与文化视角

知识共享行为与知识共享过程中总是会面临诸多障碍,因此对知识共享的影响因素的探究一直是管理者和学者关注的议题。休兰斯奇(Szulanski,1996)[①]研究了企业内部知识共享的最佳实践(best practice),从四个角度提出了影响组织知识共享实践的因素:①从知识出让方看,包括出让的动力和感知的可靠性(motivation and perceived reliability);②从知识性质来看,包括隐性、复杂性、刚

---

① Szulanski G.. Exploring internal stickiness: impediments to the transfer of best practice within the firm [J]. *Strategic Management Journal*, 1996, 17(Winter Special Issue):27-43.

性和完整性(tacitness、complexity、robustness and integrity);
③从知识的受让方来看,包括接受动力、吸收能力和保持能力
(motivation、absorptive capability and retentive capacity);④从转
移情景来看,转移机会也会造成转移困难。埃里克森和迪克逊
(Eriksson & Dickson,2000)①在研究知识共享创造模式(shared
knowledge creation model)中提出了影响知识共享的四类因素:
①IT基础设施;②推动者:对知识共享有促进作用的媒介或组织成
员;③知识共享流程;④价值观、规范与程序。王国保和宝贡敏
(2012)②将影响知识共享的因素归纳为五类,分别为:网络平台、知
识库与信息沟通等技术因素,心理、能力、依赖与关系等个体因素,
知识的自然与社会属性,激励、制度、结构、文化、氛围等组织因素,
以及民族和国家文化等。

在众多影响知识共享的组织因素中,激励因素是最受管理者和
学者关注的焦点。知识管理的基本假设是"作为生活在竞争环境中
的理性人,更需要经济上和心理上的满足,知识共享者无论是个人
还是组织都需要获得自己期望的利益,否则就没有动力从事这种知
识的生产与传播活动",因此知识共享就是要寻求最佳的方式激励
人们去分享他们头脑中的知识(何绍华等,2005)③。如何根据共享
主体的需要类型和特点以及影响知识共享意愿的机制来采取措施,
进而影响意愿和行为的发生,是本书研究知识共享的关键所在。

---

① Eriksson I V., Dickson G.W.. Knowledge sharing in high technology compa-
nies [C]. *Americas Conference on Information Systems*(AMCIS), 2000:1330-1335.
② 王国保,宝贡敏.组织内知识共享前因研究述评[J].企业活力,2012,(11):86-
91.
③ 何绍华,郭琳琳.促进知识型企业中隐性知识的共享[J].图书情报,2005,
(6):7-9.

与代表组织正式制度的组织激励不同,组织文化代表了组织内非正式的情境因素。由于个体知识共享行为总是嵌入于特定的组织情境之中,所以个体对待知识共享的态度和意愿势必会受到组织文化这一无形磁场的影响,尤其在正式制度尚未完备的中国,中国人本身的社会导向致使文化因素对人们行为的影响更为强烈。特别是当组织激励失效时,文化因素是对不完备激励的最好补充。因此,本书也将探讨影响知识共享活动的各种文化因素,并进而探讨通过构建有效的团队来达到有效的知识共享,从而有利于我们更为深入、全面地理解组织内员工的共享行为和效果。

1.3 研究内容与章节安排

1.3.1 研究内容

从现有的文献来看,当前理论界分别从知识共享的客体(即知识本身的特性),知识共享的主体(即个体与组织的特性与行为)和知识共享的环境(即知识共享的技术与制度条件等)三个方面展开研究,探索相应的影响因素,为实践界关注的共享模式、共享技术手段和共享管理机制等方面提供理论支持。

如当前对知识属性的研究很多,但还没有一个绝对权威的定论,关于知识的属性会直接影响到组织的激励选择;很多学者已经意识到组织经济学的激励理论与组织理论中的激励研究应该有机的融合,但这方面的成果还不多,关于知识的所有权问题,国内更是鲜见这方面的论述;将文化因素作为重要变量引入知识共享的分析过程已成为近年来的研究趋势,无论是社会还是组织层面的文化因素,都已成为知识共享课题研究的新视角。本书可能的贡献在于将以上几个重要因素同时纳入研究框架,从激励与文化的角度来揭示知识共享的机理,为组织更好的促进知识共享做出贡献。具体的研究内容主要有:

1. 知识共享的发生机制与研究框架

为了分析知识共享的发生机制,本研究将其细化为两个主要问题:一是在个体层面,员工为什么共享知识? 即:员工共享知识的动机是什么? 二是在团队层面,哪些因素通过影响团队知识共享行为,进而决定了团队知识共享的有效性? 为此,本部分首先分析员工知识共享行为的发生机制,然后将梳理影响员工知识共享的因素。最后在上述分析的基础上,贯通知识共享的动因、过程以及效果,提出一个统摄全书的研究框架。

2. 组织激励与知识共享

知识共享的基本假设是"作为生活在竞争环境中的理性人,更需要经济上和心理上的满足,知识共享者无论是个人还是组织都需要获得自己期望的利益,否则就没有动力从事这种知识的生产与传播活动"(何绍华等,2005)[①]。因此,建立有效的激励机制以促进知识共享构成了组织最重要的任务之一。理论研究和实践亦证实了激励机制是组织促使知识发生转移、提高知识转移效率的重要手段,对个体到群体的知识转移、个体到组织的知识转移效果具有显著影响,组织激励对个体知识转移的积极性与效果都会产生积极影响(魏江,王铜安,2006)[②]。本书将分别从薪酬等外在激励、工作设

---

① 何绍华,郭琳琳.促进知识型企业中隐性知识的共享[J].图书情报,2005,6:7-9.

② 魏江,王铜安.个体、群组、组织间知识转移影响因素的实证研究[J].科学学研究,2006,2:91-97.

计等内在激励以及所有权激励等角度讨论组织知识共享的激励问题。

一般而言,组织可通过设计各种外生激励措施来激发员工的工作热情,进而提升组织的绩效。外在激励的方式有些与物质相关,如:工资、绩效奖金、分红等;而有些是偏重非物质方面,如组织赋予的荣誉,组织认同,以及良好的人际关系等;其中物质激励作为组织常用的激励手段之一,备受组织青睐。巴托尔和洛克(Bartol & Locke,2000)①认为:物质激励在很多方面有利于激励个体从事组织期望的行为。实践中,诸多组织也采用了物质奖励系统以鼓励个体参与知识共享,例如:巴克曼实验室的绩效考核指标在于评估员工的知识共享行为等②。但与此同时,来自理论界的研究成果却提出了相反的观点。博克和基姆(Bock & Kim,2002)③,博克等人(Bock et al.,2005)④,林(Lin,2007)⑤等学者的研究表明,物质奖励对个体的知识共享意愿有消极作用,物质奖励不仅不会促进个体知识共享的意愿,反而会阻碍个体知识共享行为的发生。那么物质激励到底是促进还是阻碍了个体知识共享行为的发生? 物质激励

① Bartol K.M., Locke E.A.. Incentives and motivation [A]. In Rynes S., Gerhardt B.(Eds). *Compensation in Organization: Progress and Prospects* [C]: 104-147. San Francisco: Lexington, 2000.

② Pan S.L., Scarbrough H.. A socio-technical view of knowledge sharing at Buckman laboratories [J]. *Journal of Knowledge Management*, 1998, 2(1):55-66.

③ Bock G.W., Kim Y.G.. Breaking the myths of rewards: an exploratory study of attitudes about knowledge sharing [J]. *Information Resources Management Journal* (IRMJ), 2002, 15(2):14-21.

④ Bock G.W., Zmud R.W., Kim Y.G. et al.. Behavioral intention formation in knowledge sharing: examining the roles of extrinsic motivators, social-psychological forces, and organizational climate [J]. *MIS Quarterly*, 2005, 29(1):87-111.

⑤ Lin H.F.. Effects of extrinsic and intrinsic motivation on employee knowledge sharing intentions [J]. *Journal of Information Science*, 2007, 33(2):135-149.

在作用于个体行为的意愿过程中会不会受到其他因素的干扰？为了解答这些问题，该部分做了四个相关的研究，旨在重新审视组织的物质激励与个体间知识共享的内在逻辑关系。

另一方面，内在激励是指由于个人曾有过与某种行为本身有关的愉快经历，如工作本身的兴趣、成就感，以及自我价值的实现等，这些因素较难完全通过契约得到安排和实现。对于知识型员工而言，其需求主要集中在尊重和自我实现等较高层次上，更关注内在激励因素的满足，如他们热衷于富有挑战性的工作，并把它作为一种乐趣，一种实现自我的方式。该部分将进一步针对上述"工作激励"的内在激励因素，研究知识型员工知识共享行为的工作激励机制。

最后，该部分根据研究结论，给知识管理者或是那些希望在组织内促进员工知识共享的组织从社会交换、组织规范、产权以及工作激励等方面提出一些具体的管理建议。

3. 文化激励与知识共享

与代表正式制度的组织激励不同，文化代表着非正式的情境因素正极大地影响着组织内部成员的行为和绩效。尤其在正式制度尚未完备的中国，中国人本身的社会导向致使文化因素对人们行为的影响更为强烈。文化因素已成为组织内开展知识共享活动的关键驱动或阻碍因素。任何组织或个人都嵌入在一定的社会文化情境之中，因此从文化层面出发探究其与知识共享的关系，有利于我们更为深入、全面地理解组织内个体员工的共享行为。

该部分首先基于国家文化和中国本土文化的内涵，阐述影响个体知识共享行为的国际通用国家文化因素以及包括关系、面子、和谐、人情、圈子、集体主义、垂直文化等在内的中国本土文化因素的概念和特征;并结合知识共享领域的现有研究,总结中国企业员工知识共享行为背后的文化根源及其影响效应,进一步构建基于"价值观—动机—行为"(VMB)模型的知识共享分析框架,运用问卷调查的方法,从个体动机的视角开展了国家文化因素(文化价值观取向)对个体知识共享行为影响机制的实证研究。

考虑到个体知识共享行为总是嵌入于特定的组织情境之中,所以个体对待知识共享的态度和意愿势必会受到组织文化这一无形磁场的影响。该部分在对组织文化内涵及其功能界定的基础上,介绍了组织文化对组织内部知识共享的影响功效以及基于知识共享的组织文化特征,并综合运用理性行为理论(TRA)和修订的社会影响理论(MSIT)演绎了组织文化对组织成员知识共享行为的作用路径,并据此提出了基于知识共享的组织文化治理对策。

4. 知识的异质性与有效性

在探讨了个体层面的知识共享行为及其激励机制后,本书将进一步考虑群体层面的知识共享问题,这一部分将在前面个体知识共享行为分析的基础上,围绕异质性与团队产出的关系展开研究,具体包括团队成员的知识异质性对团队有效性的影响,以及异质性共享行为构成的共享行为结构对团队有效性的影响。

该部分首先分析了知识异质性的特点,认为知识异质性是团队属性异质性的一种,是指团队成员所擅长的知识与技能的差异性,在相关研究推理与实证分析的基础上,揭示知识异质性对知识共享与团队有效性关系的调节作用。另一方面,行为异质性有别于团队属性异质性,是团队成员行为的差异程度,该部分接着从知识贡献与知识搜集两个维度,结合行为强度与行为差异两个维度,构建了团队知识共享行为结构模型,分析了十六种不同知识共享行为结构的特征,并进一步分析不同共享行为结构对共享满意度、团队知识整合以及团队知识创新的影响。通过知识异质性以及共享行为异质性的分析研究,本章对管理实践给出了相应的对策建议,包括团队设计策略、团队成员知识共享行为的匹配、团队发展目标与知识管理的匹配,以及成员共享行为差异管理等。

1.3.2 章节安排

基于上述研究内容,本书将分六个章节展开论述。

第1章,绪论。本章首先探讨知识共享这个研究主体的内涵以及构念的特殊性,并对知识共享与知识转移、知识流动等相似概念进行了辨析,然后分析当下知识共享实践中所遇到的困境和有待解决的难题,并结合西门子(中国)公司和丰田汽车公司的知识共享成果案例探讨了解决问题的思路,最后简要介绍本书的核心研究内容,并对全书结构进行了总体安排。

第2章,知识共享的发生机制与研究框架。基于第1章对知识共享实践的讨论,本章从理论出发,首先分析员工知识共享行为的发生机制,然后通过对国内外文献的回顾,梳理影响员工知识共享的组织和文化因素;最后在前两者的基础上,贯通知识共享的动因、过程以及效果,构建了本书的研究框架。

第3章,组织激励与知识共享。本章首先从组织正式制度的视角出发,从内在和外在两个维度探讨了组织中不同的激励方式;然后分别探讨了内在激励和外在激励对知识共享的影响机制,其中外在激励重点关注了物质激励和非物质激励对知识共享的影响,内在激励重点关注了工作设计对知识共享的影响;最后从组织正式制度的视角提出了相应的管理对策。

第4章，国家文化与知识共享。本章从国家文化的视角开展知识共享研究，在对国家文化进行界定的基础上，探讨处于高情境文化下的中国，影响企业员工知识共享的国家文化因素，以及这些国家文化因素对个体知识共享行为发挥着怎样的影响；然后基于动机视角，通过实证研究分析了受国家文化影响下的企业员工的个体文化价值观对他们知识共享行为的影响机制和作用路径，并依据研究结论提出相应的治理对策。

第5章，组织文化与知识共享。本章在对组织文化全面界定的基础上，介绍了组织文化对知识共享的影响功效和基于知识共享的组织文化特征，剖析并实证检验了组织文化对组织成员间知识共享的作用路径，继而提出了基于组织文化的知识共享治理对策，以期为我国企业知识共享实践提供理论指导和决策支持。

第6章，知识异质性及共享行为结构对团队有效性的影响。本章主要围绕异质性与团队产出的关系展开研究，具体包括团队成员的知识异质性对团队有效性的影响，以及异质性共享行为构成的共享行为结构对团队有效性的影响；进而提出包括团队设计、团队成员知识共享行为的匹配、团队发展目标与知识管理的匹配，以及成员共享行为差异管理等策略，以构建有效的知识共享团队。

知识共享的发生机制与研究框架

本书关注的主要问题是组织中团队成员的知识共享行为及其效果。第 1 章从实践出发,阐述了企业知识共享的现状和面临的困境。本章从理论出发,首先分析员工知识共享行为的发生机制;其次,通过对国内外文献的回顾,梳理影响员工知识共享的因素;最后,在前两者的基础上,贯通知识共享的动因、过程以及效果,提出一个能够统摄全书的研究框架。

2.1　知识共享的发生机制

对福布斯全球 500 强企业的调研发现,其中接近 67％的企业构建了知识型工作团队,从事研发、销售等知识密集性的工作。大量的学术文献从团队这个研究层次入手分析知识共享发生发展的机制。为了分析知识共享的发生机制,我们将其细化为两个主要的研究问题:一是在个体层面,员工为什么共享知识? 即员工共享知识的动机是什么? 二是在团队层面,哪些因素通过影响团队知识共享行为,进而决定了团队知识共享的有效性?

2.1.1　个体知识共享行为的发生机制

个体为什么共享知识？理性行为理论（Theory of Reasoned Action，TRA）从心里学的视角出发给出了一个被普遍认可的解释框架。TRA 理论认为，个体的知识共享态度决定了个体的知识共享意愿，而个体的知识共享意愿进一步决定了个体知识共享行为是否会切实发生。其中，个体的知识共享态度是指个体对知识共享持有的正面或负面的认知；个体的知识共享意愿是指个体愿意与他人共享知识的主观倾向程度；个体的知识共享行为是指在个体理性控制下的实际的知识共享行为。

理性行为理论源于社会心理学，被认为是研究个体认知行为最基础、最具有影响力的理论之一。该理论是由美国学者菲什拜因和阿耶兹于 1975 年提出（Fishbein & Ajzen，1975 ），主要用于分析个体的行为意愿和现实行为的发生机制。该理论关注基于信息认知的态度和主观规范，并充分揭示了个体动机和外界信息对个体行为的影响过程。

TRA 理论认为，个体及其所处社会的普遍观念是决定个体态度和价值观念的重要因素。而个体的态度和价值观念又决定了个体是否会产生采取某种特定行为的意愿，该意愿最终决定了某种行为最终是否被个体所采纳且发生。TRA 为解读个体理性行为的发生机制提供了一个指导性的理论框架，即任何诱发个体行为产生的因素须通过个体的态度或主观规范来间接地影响个体的行为意愿，而个体行为意愿的强弱决定了个体行为能否切实发生。

为了将 TRA 应用到包括不受意志控制或较为复杂的行为，阿耶兹在 TRA 模型中引入了一个新的变量——感知行为控制，并提出了计划行为理论(Theory of Planned Behavior,TPB)。该理论认为,行为意愿除了受个体态度和主观规范的影响之外,还会受到感知行为控制的影响。感知行为控制(PBC)是指个体对采取某一特定行为时自己对该行为可控程度的感知或预期,该变量是个体对促进或阻碍行为表现的因素的自身能力评估(control belief)和这些因素的便利性认知(perceived facilitation)的积和。

基于 TRA 和 TPB,我们将个体层面对组织员工知识共享行为的分析具体化为两个问题,一是组织员工对知识共享的认知,即员工对是否应该共享知识的主观态度;二是组织员工对共享知识的意愿。即使组织员工形成了应该进行知识共享的主观认知,其也并不一定付诸实施。在认知和行动之间,还存在"意愿"这一心理中介,也就是说员工从"应该进行知识共享"到"产生了知识共享行为"之间还存在"能够、愿意进行知识共享"这样一个心理过程。对第一个问题,TRA 强调理性认知是个体特定行为发生先导,贝克尔、兰德尔和里格尔(Becker, Randall & Riegel, 1995)①认为,这使得 TRA 理论对个体知识共享行为的预测能力较差。我们认为个体知识共享是一个复杂的行为现象,从现有研究看,个体对知识共享的认知既可能受经济理性的影响,也可能受特定文化背景或者社会规范的影响。经济理性、社会规范、文化等因素可能决定个体对知识共享行为的认知,但在现实生活中我们发现个体对知识共享的认知可能是比较一贯的、稳定的,但他的知识共享行为却依情境而定,这主要是因为在个体一贯的认知下,其面对的是一个个具体的知识共享场

---

① Becker T.E., Randall M., Riegel D.C.. The multidimensional view of commitment and the theory of reasoned action: A comparative evaluation [J]. *Journal of Management*, 1995, 21(4):617-638.

景,这些场景影响了个体在具体时空下的知识共享意愿,进而使得个体表现出变化多样的知识共享行为。虽然 TRA 及其扩展理论过于强调理性认知对知识共享行为的影响,但在融合社会规范、文化等因素对个体知识共享认知的影响之后,其仍不失为一个逻辑严密的、可用于解释知识共享行为发生机制的理论框架。

2.1.2　团队知识共享有效性

组织组建知识工作团队的主要目的是提升团队知识共享的有效性。麦格拉斯(McGrath,1964)①提出了解释团队有效性的经典框架——IPO(Input-Process-Output)模型。其中,团队输入代表了使能和限制团队成员互动的前因,包括个人层面、团队层面以及组织层面三种类型。团队过程在整个框架中居于核心地位,描述了团队输入是如何转换为团队产出的。团队产出是团队行为的结果,既包括个人层面的,也包括团队层面的,团队成员间的知识共享即是其中的一种。科恩和贝利(Cohen & Bailey,1997)②将群体心理特质与团队内部过程区分开来,他们认为团队过程主要应是指团队成员的互动行为,而在团队输入输出转换中,团队成员的认知、动机与情感是浮现出的一种状态,这不是行为驱动下的团队过程,而应被界定为一种中介机制。与标准的 IPO 框架相区别,伊尔根等人(Ilgen et al.,2005)③提出了

---

① McGrath J. E.. *Social Psychology: A Brief Introduction* [M]. Holt, Rinehart and Winston,1964.

② Cohen S.G., Bailey D.E.. What makes teams work: Group effectiveness research from the shop floor to the executive suite [J]. *Journal of Management*,1997, 23(3):239-290.

③ Ilgen D.R., Hollenbeck J.R., Johnson M. et al. Teams in organizations: from input-process-output models to IMOI models [J]. *Annu. Rev. Psychol.*,2005,56: 517-543.

解释团队有效性的 IMO(Input-Mediator-Outcome)模型。安科纳、古德曼、劳伦斯和塔什曼(Ancona，Goodman，Lawrence & Tushman，2001)①，安科纳、奥克胡森和珀洛(Ancona，Okhuysen & Perlow，2001)②提炼了两种将时间纳入 I-P/M-O 框架的方法，一种是发展模型(development model)，另一种是情境模型(episodic model)。发展模型阐释了团队是如何发生质变的，在质变的不同阶段，有不同的因素对其发生影响和作用。情境模型认为随着任务要求的转变，团队在不同的时间段内，经历不同的"过程"，在完成任务的过程中，上述不同类型的"过程"周期性地复现。

马克斯、马蒂厄和扎卡罗(Marks，Mathieu & Zaccaro，2001)③将团队过程界定为"团队成员之间通过认知、语言以及行为的互动，实现对任务的组织，达到共同的目标"并提出了一个团队过程的循环模型。他们将团队过程分为两个阶段：转变阶段(transition phase)和行动阶段(action phase)。转变阶段主要是指将松散的个体捏合成团队的过程。行动阶段主要包括过程监控、系统监控、团队监控和支持以及成员间的行动协调。除此之外，贯穿上述两个阶段的还有三类对人际交互过程的管理，分别是：冲突管理、激励与信任构建以及情感管理。

马蒂厄等人(Mathieu et al.，2008)④在融合上述研究的基础上

---

① Ancona D.G.，Goodman P.S.，Lawrence B.S.. Time: a new research lens [J]. *Academy of Management Review*，2001，26(4):645-663.

② Ancona D.G.，Okhuysen G.A.，Perlow L.A.. Taking time to integrate temporal research [J]. *Academy of Management Review*，2001，26(4):512-529.

③ Marks M.A.，Mathieu J.E.，Zaccaro S.J.. A Temporally based framework and taxonomy of team processes [J]. *Academy of Management Review*，2001，26 (3):356-376.

④ Mathieu J.，Maynard M.T.，Rapp T. et al.. Team effectiveness 1997-2007: a review of recent advancements and a glimpse into the future [J]. *Journal of Management*，2008，34(3):410-476.

提出了一个综合的分析团队有效性的理论,在这一框架的基础上,我们生发出本书对团队知识共享有效性进行分析的理论框架,具体见下图(图2-1)。

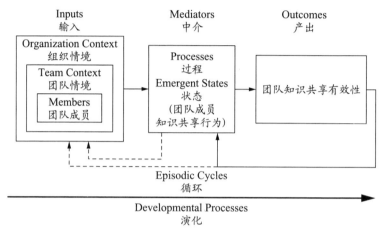

图 2-1　团队知识共享有效性的分析框架

2.2　知识共享的基础理论与影响因素

　　本章的主要目的是形成本书关于知识共享行为的研究框架,这一框架的起点是个体对知识共享的认知,终点是团队知识共享的有效性。在本章第一节中我们基于 TRA 和 TPB 理论,拓展了解释个体知识共享认知的理论视野,形成了分析、解释个体知识共享行为的"认知—意愿—行为"的理论框架;其次在团队层面,我们基于I-P/M-O 这一分析框架,形成了本书对团队知识共享有效性的研究框架。上述两个框架形成了本书分析知识共享行为及其效果的"骨架",以此"骨架"为纲,在个体层面,我们重点梳理了现有关于个体知识共享动机研究的理论视角和主要结论；在团队层面，从团队异质性与团队知识共享有效性两者之间的关系出发，梳理了相关的理论和主要的研究结论。通过个体和团队层面的理论回顾及对研究知识共享影响因素的文献进行梳理，试图在第一节"骨架"的基础上，形成本书解释知识共享行为及其效果的"血肉"。

2.2.1 个体知识共享行为的基本理论

学术界对个体行为的研究主要有两大理论流派，一个是激励理论，另一个是文化理论。下面分别介绍上述两大理论视角下个体知识共享行为的研究。

1. 激励与知识共享

激励理论是组织行为科学的核心理论，它认为人的动机来源于需要，由需要决定人们的行为目标。激励则作用于人的内心活动，激发、驱动和强化人的行为。在一个具体的组织中，无激励的行为是盲目而无意义的行为；而有激励而无效果的行为，则说明激励的机理出现了问题。知识共享是一种理性行为而非无意识或条件反射行为。因此，如何根据共享主体需要的不同类型和特点以及影响知识共享意愿的不同机制采取措施，进而影响意愿和行为的发生，是基于激励理论研究知识共享的关键所在。

有关知识共享的激励因素研究，主要基于三类视角，分别为：经济学视角、社会学视角和社会心理学视角。从不同的学科视角出发，学者们分别提出不同的激励因素。关于知识共享激励研究的多视角对比，见表 2-1。基于经济学视角的研究将知识视作一种可以用于交换的商品，知识共享行为则是个体与个体或个体与组织之间的经济交换行为，因此组织内部知识的自由流动可以由市场的经济激励来推动(von Hippel,1994)①。基于社会学视角的研究认为个体知识共享行为嵌入于具体的社会情境之中,依赖于个体之间的人际互动;并且个体从知识共享获得的个人收益的多少及期限均不明确,因此知识共享行为是一种典型的社会交换行为。基于社会心理视角的研究将知识共享行为界定为是一种典型的自我决定行为(self-determination behavior)。与前两种研究视角不同的是,该类研究侧重从个体的内在动机和自我回报来诠释个体知识共享行为的发生,并提出了两类影响知识共享行为的内在性激励因素。第一类内在性激励因素源自个体对"自我感知"的需求,如:挑战性、成就感、自我效能感等;第二类内在性激励因素源自个体对"利他主义"的需求,如:助人的愉悦感等。

表2-1　知识共享激励研究的多视角对比

对比项目	经济学视角	社会学视角	社会心理学视角
基础理论	经济交换理论	社会交换理论	自我决定理论和组织公民理论
人性假设	经济人假设	社会人假设	复杂人假设
基本观点	知识共享行为是经济交换行为;对共享成本与收益的权衡,是个人进行知识共享决策的关键	知识共享是社会交换行为;对互惠和声誉等社会因素的权衡,是个体进行知识共享决策的关键	知识共享是自我决定行为;对共享行为本身的重视是影响个体知识共享的关键
激励因素	经济性激励因素,如:绩效工资、福利、分红等	社会性激励因素,如:互惠、声誉、关系等	个体内在激励因素,如:自我效能感、助人愉悦感等

　　下面我们对各个理论视角下开展的关于知识共享行为的研究进行简要的梳理和介绍。

---

　　① von Hippel E.. "Sticky information" and the locus of problem solving: implications for innovation [J]. *Management Science*,1994,40(4):429-439.

（1）经济交换理论。

交换理论可以追溯至英国古典政治经济学以及马克思的经济思想。著名经济学家亚当·斯密在其著作《国富论》中指出：商品交换是自古到今一切社会、一切民族普遍存在的经济现象。商品交换现象之所以如此普及，是因为参与交换的各方都期望从交换中获得己欲的报酬或利益（即获得自身某种需要的满足），这是"人类的本性，且为人类所特有"。马克思也认为，物质交往是物质生产得以实现的前提，物质生产从来就是社会性的生产，它必须以许多个人共同活动为前提，而这种共同活动只有通过物质交往才能实现。

在传统的经济学理论中，对人的行动持理性（即经济人）的假设占据了主导的地位。亚当·斯密认为人的理性（经济性）在于人类会对各项利益进行权衡并选择有利于自身的最大利益，以最小的牺牲满足自己最大的需要。人们在追逐自我利益的过程中，市场这只"看不见的手"会使得整个社会富裕起来。

新古典经济学继承和发展了古典经济学理性人（经济人）的假设，进而提出了经济交换理论。新古典经济学对理性人（经济人）的假定包括以下几个方面的内容：①个体的行动决策是合乎理性的（行动目标理性假定）；②个体可以获得充足的有关周围环境的信息（完全信息假定）；③个体根据所获得的各方面信息进行计算和分析，从而按最有利于自身利益的目标选择决策方案，以获得最大利润或效用（利润或效用最大化假定）。

由于经济交换理论是建立在亚当·斯密的"经济人"假设的基础上，因而该理论强调资源交换的经济利益，即个体的理论行为旨在追求经济回报，而忽视了资源交换的社会利益，即个体之间资源互换所涉及的社会回报，如：获取友谊、信任、声誉和控制等。这种纯粹理性的"经济人"假设使得该理论自创建起就一直饱受争议，尤其是在后继社会学家提出"社会人"的假设之后，人们对个体交换是否完全出自经济动机提出了怀疑乃至批评。

基于经济交换理论的研究主要假定人们希望通过知识共享满足经济需要。经济交换理论指出，个人的行为是受理性的自我利益所引导，人们产生知识共享行为的动机就体现在其获得（或感知）的经济收益大于其实施该行为的成本。

（2）社会交换理论。

社会交换理论的基本命题是从心理学和经济学衍生出来的一组描述个体行为和行为动机的普通心理学命题，以及由人类学的互惠性原则派生出的相互性命题，其核心是"互惠原则"。这里的报酬与成本并不限于物质财富。成本可能是体力上与时间上的消耗，放弃享受，忍受惩罚和精神压力等，报酬也可能是心理财富（如精神上的奖励、享受或安慰等）与社会财富（如获得身份、地位与声望等）。社会交换理论虽然基于经济学的视角来考虑社会行为，但其所指的社会交换是严格区别于经济交换的。首先，社会交换的"一般等价物"不是货币，而是某种公认的价值观念或制度文化；其次，社会交换不只以获取物质利益为目标，而经济交换的目的是获取商品的使用价值或以货币为表现形式的价值；第三，社会交换不要求立即兑现回报，是一种长期的投资。而在经济交换中，人们往往习惯于"一手交钱，一手交货"。

20世纪60年代，遵循古典政治经济学以及马克思的经济思想，并在斯金纳的个体主义心理学的启发下，社会交换理论的鼻祖霍曼斯创建了最初的社会交换理论。该理论主要包括如下六个命题：①成功命题。就个体行动而言，人类的行动与动物有着相似性，要遵循报酬原则。也就是说，如果个体的某个行动经常受到报酬的刺激，那么他就越有可能产生经常类似的行动。因此，个体行动的频率，取决于得到报酬的频率、大小以及获得报酬的方式。并且有规律性所获得的报酬要低于没有规律所得到的奖励，因为没有规律的报酬更具有意外性与刺激性。②刺激命题。在过去的某个时间里，如果某一特定的刺激或者一组刺激的出现会给某人的行动带来某种报酬或奖励，那么现在的刺激与过去的刺激越相似，个体就越有可能进行类似的行动。③价值命题。如果某种行动所产生的结果对一个人越有价值，那么他就越有可能采取同样的行动；反之，如果某种行动产生的结果使得此人受到惩罚，那么他就有可能采取措施避免类似行动的发生。因此，在正常的人际交往过程中，人们常常会遵循趋利避害原则，倾向于花费一些时间去选择能够获得较高报酬、奖励即有价值的交换行动。④剥夺满足命题。报酬的效用遵循经济学的边际效用递减规律。换言之，一个人在最近越是经常地得到某种报酬，那么随着报酬的增加此人所获得此报酬的满足感和价值感就会减少。⑤攻击赞同命题。这个命题包括两层含义：其一，当个体的行动没有得到他期望的报酬或者他得到了始料未及的惩罚时，他将被激怒并有可能采取攻击性行为，以发泄他的不满情绪；其二，当个体的行动获得了他所期望的报酬（特别是报酬比他预期的还要大），或者他的错误行为没有受到预想中的惩罚，他都会非常高兴，并会继续产生得到报酬的行动或者避免错误行为的再度发生。⑥理性命题。个人在选择采取何种行动时，不仅会考虑到价值的大小，还会考虑行动成功的可能性，也就是说人们在进行选择时总会选择那些随着获利可能性增大且其总价值也能够增大的行为

(Homans，1958)①。

霍曼斯综合运用了经济学、人类学、社会学、心理学等学科的概念和理论对人际间的社会交换进行了深入研究，揭示了社会交换的最终目的是为了交换双方各自收益的最大化。尤为值得强调的是，霍曼斯认为，社会交换的收益除了包含传统经济学范畴的物质报酬，还涉及社会的、情感的以及价值的"利"与"害"，即包括义务、声望、权力、友情等方面，这一理念极大地拓展了经济交换理论的单一经济理性假设。

受霍曼斯思想的启发，布劳(Blau)对社会交换理论做了更为细致的剖析与阐述。在讨论社会交换的形式之前，布劳首先区分了两种社会报酬，分别为：内在性报酬和外在性报酬。"内在性报酬，即从社会交往关系本身中取得的报酬，如乐趣、社会赞同、爱、感激等；外在性报酬，即在社会交往关系之外取得的报酬，如金钱、商品、邀请、帮助、服从等。"在此基础上，他把社会交换划分为三种形式，分别为：①内在性报酬的社会交换。参加这种交换的行动者把交往过程本身作为目的。②外在性报酬的社会交换。这种交换的行动者把交往过程视为实现其他目标的手段。外在性报酬为个体选择交换对象提供了客观、独立的标准。③混合性的社会交换。这种交换既涉及内在性报酬性，也涉及外在性报酬性。

对比经济交换理论与社会交换理论不难发现：经济交换强调交换的经济利益，这类交换行为可以通过明确的契约关系加以约束；而社会交换理论既涉及经济利益，也涉及社会利益，这类交换行为

① Homans G.C.. Social behavior as exchange [J]. *American Journal of Sociology*，1958，63(6)：597-606.

往往难以通过明确的契约关系加以界定。由此可见,经济交换与社会交换最主要的差异在于:经济交换可以通过正式契约来保障交换双方彼此的权利和义务;而社会交换由于缺乏明确的交换规则/契约,因此无法保障交换参与人投资的成本会得到等值的回报。

(3) 自我决定理论。

自我决定理论是美国学者德西和瑞安(Deci & Ryan,1985)[①]在20世纪70年代末提出的关于人类行为的动机理论,该理论从有机辩证的角度阐述了外部环境促进内部动机及外部动机内化的过程,揭示了外在干预影响个体动机的有效路径。

自我决定理论从有机的视角,假定所有个体都具有一种与他人或周围社会成为整体的倾向。该理论以有机辩证为思想基础,发展出认知评价、有机整合、内在需要和因果定向四个相互联系的子理论,完整阐述了环境因素对个体动机产生影响的路径过程。在延续已有研究关于内部动机和外部动机的基础上,自我控制理论进一步挖掘了人性动机的特点。它从动机模式的成因和行为方式出发,根据自主程度的高低,将外部动机进行了更精炼的细分,依次为整合调节(integrated regulation)、认同调节(identified regulation)、内摄调节(introjected regulation)和外在调节(external regulation)四种外部动机。通过比较个体在多大程度上,将外部的环境因素"内化"为其认同的价值观念,将动机分为自主型动机(autonomous motivation)和控制型动机(controlled motivation)两种类型。所谓"自主",指个体的工作动机完全由自己的意志决定,并经历了一种自主

---

① Deci E.L., Ryan R.M.. *Intrinsic Motivation and Self-determination in Human Behavior* [M]. New York: Plenum,1985.

选择的过程。而"控制",则意味着个体行为是迫于外界压力,一种"不得不"(have to)参与进来的感觉。这种压力可能是来自实际中组织制度的控制和上级监督,也可能来自于个体对事物重要性的认知,但都不是一种内心自愿的表达。认同调节、整合调节的外部动机,目的是为了达到个体所追求的,如社会价值等结果;因为有着较多的自我决定成分,和内部动机一起组成自主型动机。内部动机由于是来源于个体的兴趣和从工作中体验的价值,因此是自主型动机的一种,并且其自主程度最高。而内摄调节和外在调节的外部动机,主要是出于获取报酬、逃避惩罚以及避免羞愧等原因,具有较少的自我决定成分,因而属于控制型动机。自主型动机和控制型动机都是一种有意识的行为,它们与无动机(amotivation)相对,即没有意识和动机。具体的动机内涵和例子如表 2-2 所示,同时也可以看出其与内部动机和外部动机划分的区别。

表 2-2   自我决定理论中不同动机的内涵

调节类型	无动机	外 部 动 机				内部动机
	无调节	外部调节	内摄调节	认同调节	整合调节	内部调节
内涵	没有意识和动机	服从;获得奖励,避免处罚等	避免羞愧;领导赞扬,同事认同;获得晋升	意识到事情的重要性和价值	内在的感受,与个人价值一致	乐于从事这些工作并得到满足
描述	缺乏动机	较高的控制型动机	中等程度的	中等程度的	较高的自主型动机	高度的自主型动机
	无动机	控制型动机		自主型动机		

2. 文化与知识共享

文化不是个体问题,而是依附于群体存在的,它是使一个群体区别于其他群体的共享价值观体系。文化因素被认为是知识共享的关键驱动或阻碍因素(Michailova & Hutchings,2006)①。尤其在中国这样的转型国家,由于功能完备的正式制度尚不完善,再加上公民本身的社会取向,文化因素将对人们的行为产生更大的影响。特别是当组织激励失效时,文化因素是对不完备激励的最好补充。在组织开展知识管理的过程中,影响组织知识共享的文化因素主要包含两个层面:一个是宏观层面的文化,即社会文化;另一个是微观层面的文化,通常是指组织文化。将文化因素作为重要变量引入知识共享的分析过程,已成为近年来的研究趋势,无论是社会层面还是组织层面的文化因素都已成为知识共享课题研究的新视角。

自 20 世纪 50 年代开始,学术界对国家文化的研究促进了文化价值观取向相关理论和测量工具的发展。克拉克洪将价值观定义为一种外显或内隐的,由个人或群体表现出的对什么是"值得的"的看法,它影响着人们对行为方式、手段和目标的选择②。本书前文提及的霍夫斯泰德(Hofstede,1980,2001)关于工作价值观的理论来源于对 IBM 公司的案例研究,他提出的用于比较不同国家文化的五个文化维度被广泛运用于商业管理的研究领域。20 世纪 90 年代以来,舒华兹(Schwartz,1994,1999,2004)的研究主要集中在文化价值观取向的个体差异以及它们对人们态度和行为的影响方面,属于社会心理学的分支,已逐渐成为文化价值观研究领域的主流理论。

---

① Michailova S., Hutchings K.. National cultural influences on knowedge: a comparison of China and Russia [J]. *Journal of Management Studies*,2006,43(3): 383-405.

② Kluckhohn C.. *Values and Value-orientations in the Theory of Action: an Exploration in Definition and Classification* [M]. Cambridge. MA: Harvard University Press,1951.

上述以克拉克洪、霍夫斯泰德和舒华兹等为代表的价值观研究者都将价值观理解为影响个体思维和行为倾向的构件,对个人的思想和行为具有一定的导向或调节作用。同时有研究结果表示,传统的文化价值观对个体行为的远端影响是通过更近端的心理状态的中介作用实现的。①具体来说,价值观有强烈的动机成分,会引导某种潜在的行为动机,这种动机因素会在价值观与行为间搭建一座桥梁。②根据心理学的观点可以理解为,某一社会固有的价值观在得到个体内化的状态下会获得某种动力,形成实实在在的个体行为动机,从而指导人们的行为。③文化价值观是个体动机,乃至行为决策的重要推动因素和阻碍因素。因此,从价值观和心理动机的视角研究个体的行为倾向成因是较为成熟的研究范式,消费者购买行为领域的实证研究也证实了"价值观—动机—行为"模型存在的合理性,可以尝试运用于更为广泛的个体行为研究领域。

2.2.2 影响团队知识共享有效性的相关理论

在上述关于团队有效性的 I-P/M-O 分析框架中,描述团队输入的变量有三类:个体层面的、团队层面的以及组织层面的。在知识管理领域研究较多的是团队异质性。团队异质性通过什么样的机制影响团队知识共享有效性? 大量的文献识别出了两类不同的

---

① 李锐,凌文铨,柳士顺.传统价值观、上下属关系与员工沉默行为———一项本土文化情境下的实证探索[J].管理世界,2012,3:127-150.

② Verplanken B., Holland R.W.. Motivated decision making: effects of activation and self-centrality of values on choices and behavior [J]. *Journal of Personality and Social Psychology*, 2002, 82(3):434-447.

③ 张梦霞."价值观—动机—购买行为倾向"模型的实证研究[J].财经问题研究,2008,9:89-94.

机制：相似性吸引（similarity attraction）和多元化的优势（Williams & O'Reilly，1998）①。人是社会性的动物，普遍会选择成为某一群体的成员，那么个体会选择加入什么样的群体？"物以类聚，人以群分"，普费弗（Pfeffer，1983）②认为个体会根据自身特质（例如种族、性别、年龄等）开启一个社会分类过程，选择与自己相似度较高的群体加入，由于存在相似性吸引，因此个体往往对与自己类似的个体持欣赏态度，而对与自己有差异的个体持消极的态度。由此出发，当团队异质性越强时，可能带来团队成员情感和关系方面的冲突，从而不利于团队知识共享的有效性（Mannix & Neale，2005）③。但另一方面，派瑞—史密斯和谢莉（Perry-Smith & Shalley，2003）④认为团队异质性有利于团队，成员形成新的创意和想法。因为团队构成多元化时，团队成员比较容易接触到不同的观点、看法，从而有利于团队绩效。由此出发，因为团队异质性为团队成员提供了更多样、更宽广的认知空间，从而有利于提高团队绩效。

2.2.3 组织成员知识共享的影响因素

由于企业在实践知识共享的过程中总是会面临诸多障碍，因此

---

① Williams K.Y., O'Reilly C.A Demograph and diversity in organizations: A review of 40 years of research [J]. *Research in Organization Behavior*, 1998, 20:77-140.

② Pfeffer J.. Organizational demograph [J]. *Research in Organization Behavior*, 1983, 5(2):299-357.

③ Mannix E., Neale M.A.. What differences make a difference? the promise and reality of diverse teams in organizations [J]. *Psychological Science in the Public Interest*, 2005, 6(2), 31-55.

④ Perry-Smith J.E., Shalley C.E.. The social side of creativity: A static and dynamic social network perspective [J]. *Academy of Management Review*, 2003, 28(1):89-106.

对知识共享的影响因素的探究一直是学者们关注的议题。休兰斯奇(Szulanski, 1996)[①]研究了企业内部知识共享的最佳实践(best practice),从四个角度提出了影响组织知识共享实践的因素:①从知识出让方看,包括出让的动力和感知的可靠性(motivation and perceived Rreliability);②从知识性质来看,包括隐性、复杂性、刚性和完整性(tacitness, complexity, robustness and integrity);③从知识的受让方来看,包括接受动力、吸收能力和保持能力(motivation, absorptive, capability and retentive capacity);④从转移情景来看,转移机会也会造成转移困难。冯·希普尔(von Hippel, 1994)[②]认为,知识共享的困难主要来自于知识的黏滞性。这种知识的黏滞性不仅与知识自身的属性相关,还与知识搜寻者的属性、知识提供者的属性息息相关。埃里克森和迪克森(Eriksson & Dickson, 2000)[③]在研究知识共享创造模式(shared knowledge creation model)中提出了影响知识共享的四类因素:①IT 基础设施;②推动者:对知识共享有促进作用的媒介或组织成员;③知识共享流程;④价值观、规范与程序。卡明斯和滕(Cummings & Teng, 2003)[④]的研究整合知识共享的各种影响因素,构建了一个知识共

①　Szulanski G.. Exploring internal stickiness: Impediments to the transfer of best practice within the firm [J]. *Strategic Management Journal*, 1996, 17(Winter Special Issue):27-43.

②　von Hippel E.. "Sticky information" and the locus of problem solving: implications for innovation [J]. *Management Science*, 1994, 40(4):429-439.

③　Eriksson I.V., Dickson G.W.. Knowledge sharing in high technology companies [C]. *Americas Conference on Information Systems*(AMCIS): 2000, 1330-1335.

④　Cummings J.L., Teng B.S.. Transferring R&D knowledge: the key factors affecting knowledge transfer success [J]. *Journal of Engineering and Technology Management*, 2003, 20(1-2):39-68.

享的情境和因素模型,该模型包含四种情境和九个因素:其中,四种
情境分别是知识情境、关系情境、接受者情境和活动情境;九个具体
因素是被转移知识的明晰化程度和嵌入程度,知识接收单位的学习
型文化和项目优先性,知识共享双方的组织距离、物理距离、知识距
离和规范距离,以及知识共享双方的活动情境。王国保和宝贡敏
(2012)①将影响知识共享的因素归纳为五类,分别为:技术因素、知
识因素、个人因素、组织因素和文化因素。

回顾知识共享影响因素的相关研究,我们发现,学者们大多围
绕"技术因素、主体因素、客体因素、组织因素和文化因素"五个方面
展开。沿着这一思路,我们对当前知识共享的前因变量进行了归纳
与梳理,具体内容如表 2-3 至表 2-7 所示:

表 2-3 影响知识共享的技术因素

类　　型	影响因素	代表人物及其研究
技术因素	网络平台技术	刘等(Yoo et al., 2002)[1]、许和林(Hsu & Lin, 2008)[2]等
	知识库技术	希尔德雷思和金布尔(Hildreth & Kimble, 2002)[3]、基姆(Kim, 2006)[4]、普里斯(Preece, 2000)[5]、秦铁辉和程妮(2006)[6]、王玉晶(2008)[7]等
	信息沟通技术	亨德里克斯(Hendriks, 1999)[8]、钟(Chung, 2001)[9]、霍尔(Hall, 2001)[10]、程妮(2008)[11]、王娟(2012)[12]等

注:[1] Yoo W.S., Suh K.S., Lee M.B. Exploring the factors enhancing member participation in virtual communities [J]. *Journal of Global Information Management* (JGIM), 2002, 10 (3):55-71.

[2] Hsu C.L., Lin J.C.C.. Acceptance of blog usage: The roles of technology acceptance, social influence and knowledge sharing motivation [J]. *Information & Management*, 2008, 45(1):65-74.

[3] Hildreth P.M., Kimble C.. The duality of knowledge [J]. *Information Research* [online], 2002, 8(1), paper No.142, from http://informationr.net/ir/8-1/paper142.html.

---

① 王国保,宝贡敏.组织内知识共享前因研究述评[J].企业活力,2012,(11):86-91.

[4] Kim S., Lee H.. The Impact of organizational context and information technology on employee Knowledge-sharing capabilities [J]. *Public Administration Review*, 2006, 66(3): 370-385.

[5] Preece J.. *Online Communities: Designing Usability and Supporting Socialbilty* [M]. Chichester, England: John Wiley & Sons, 2000.

[6] 秦铁辉,程妮.试论影响组织知识共享的障碍及其原因[J].图书情报知识,2006, 114 (11):105-106.

[7] 王玉晶.完善知识管理理论,构建知识共享系统[J].图书馆学研究,2008, 5:27-29.

[8] Hendriks P. Why share knowledge? the influence of ICT on the motivation for knowledge sharing [J]. *Knowledge and Process Management*, 1999, 6(2):91-100.

[9] Chung L. H.. *The Role of Management in Knowledge Transfer* [C]. Third Asian Pacific Interdisciplinary Research in Accounting Conference Adelaide, South Australia, 2001.

[10] Hall H.. Input-friendliness: motivating knowledge sharing across intranets [J]. *Journal of Information Science*, 2001, 27(3):139-146.

[11] 程妮.组织知识共享障碍消除策略研究[J].图书情报工作,2008, 52(2):24-25, 27.

[12] 王娟.组织内部知识共享过程中的影响因素分析[J].情报科学,2012, 30(7):993-998.

表 2-4　影响知识共享的主体因素

类　型	影响因素	代表人物及其研究
主体因素	主体心理	休兰斯奇(Szulanski, 1996)[1]、达文波特和普鲁萨克(Davenport & Prusak, 1998)[2]、海因兹和普费弗(Hinds & Pfeffer, 2003)[3]等
	主体能力	伯曼和黑尔韦格(Berman & Hellweg, 1989)[4]、野中郁次郎和竹内宏高(Nonaka & Takeuchi, 1995)[5]、阿尔戈特(Argote, 1990)[6]、科恩和利文索尔(Cohen & Levinthal, 1990)[7]、达文波特和普鲁萨克(Davenport & Prusak, 1998)[8]、蔡(Tsai, 2002)[9]、休伯(Huber, 2001)[10]、海因兹和普费弗(Hinds & Pfeffer, 2003)[11]、雷志柱和雷育生(2011)[12]、刘蕤(2012)[13]等
	主体间依赖	贾文帕和斯特普尔斯(Jarvenpaa & Staples, 2000[14], 2001[15])、伦尼克—霍尔(Lengnick-Hall, 2003)[16]、吴盛(2004)[17]等
	主体间关系	恺撒和迈尔斯(Käser & Miles, 2001)[18],休兰斯奇(Szulanski, 2000)[19],安德鲁斯和德拉哈耶(Andrews & Delahaye, 2000)[20],德克和菲林(Dirks & Ferrin, 2001)[21],莱文和克罗斯(Levin & Cross, 2003)[22],乔杜里(Chowdhury, 2005)[23],孔德超(2009)[24],罗婷、何会涛和彭纪生(2009)[25],刘春艳(2011)[26],王娟茹和杨瑾(2012)[27]等

注:[1] Szulanski G.. Exploring internal stickiness: impediments to the transfer of best practice within the firm [J]. *Strategic Management Journal*, 1996, 17(Winter Special Issue): 27-43.

[2] Davenport T.H., Prusak L.. *Working Knowledge: How Organizations Manage What*

They Know [M]. Boston: Harvard Business Press，1998.

[3] Hinds P.J.，Pfeffer J.. Why organizations don't " know what they know": cognitive and motivational factors affecting the transfer of expertise [A]. In Ackerman M.，Pipek V.，Wulf V..(Eds)，*Sharing Expertise: Beyond Knowledge Management* [C]: 3-26. Cambridge: The MIT Press，2003.

[4] Berman S.J.，Hellweg S.A.. Perceived supervisor communication competence and supervisor satisfaction as a function of quality circle participation [J]. *Journal of Business Communication*，1989，26(2):103-122.

[5] Nonaka I.，Takeuchi H.，Takeuchi H.. The Knowledge-creating Company: How Japanese Companies Create the Dynamics of Innovation [M]. New York: Oxford University Press，1995.

[6] Argote L.，Devadas R.，Melone N.. The base-rate fallacy: Contrasting processes and outcomes of group and individual judgment [J]. *Organizational Behavior and Human Decision Processes*，1990，46(2):296-310.

[7] Cohen W.M.，Levinthal D.A.. Absorptive capacity: a new perspective on learning and innovation [J]. *Administrative Science Quarterly*，1990，35(1):128-152.

[8] Davenport T.H.，Prusak L.. *Working Knowledge: How Organizations Manage What They Know* [M]. Boston: Harvard Business Press，1998.

[9] Tsai W.. Social structure of "coopetition" within a multiunit organization: Coordination，competition，and intraorganizational knowledge sharing [J]. *Organization Science*，2002，13(2):179-190.

[10] Huber G.P.. Transfer of knowledge in knowledge management systems: unexplored issues and suggested studies [J]. *European Journal of Information Systems*，2001，10(2): 72-79.

[11] Hinds P.J.，Pfeffer J.. Why organizations don't " Know what they know": cognitive and motivational factors affecting the transfer of expertise [A]. In Ackerman M.，Pipek V.，Wulf V..(Eds)，*Sharing Expertise: Beyond Knowledge Management* [C]: 3-26. Cambridge: The MIT Press，2003.

[12] 雷志柱,雷育生.基于信任视角的高校教师隐性知识共享影响因素研究[J].高教探索，2011，2:125-130.

[13] 刘蕤,田鹏,王伟军.中国文化情境下的虚拟社区知识共享影响因素实证研究[J].情报科学,2012,30(6):866-872.

[14] Jarvenpaa S.L.，Staples D.S.. The use of collaborative electronic media for information sharing: an exploratory study of determinants [J]. *The Journal of Strategic Information Systems*，2000，9(2):129-154.

[15] Jarvenpaa S.L.，Staples D.S.. Exploring perceptions of organizational ownership of information and expertise [J]. *Journal of Management Information Systems*，2001，18(1): 151-183.

[16] Lengnick-Hall M L.L.，Lengnick-Hall C.A. L.. *Human Resource Management in the Knowledge Economy: New Challenges，New Roles，New Capabilities* [M]. San Francisco，CA: Berrett-Koehler Pub，2003.

[17] 吴盛.以计划行为理论探讨资讯人员的知识分享行为[D].台湾"中山大学",2004.

[18] Käser P.A.，Miles R.E.. Knowledge activists: the cultivation of motivation and trust properties of knowledge sharing relationships [C]. *Academy of Management Proceedings*，2001，1:D1-D6.

[19] Szulanski G.. The process of knowledge transfer: a diachronic analysis of stickiness [J]. *Organizational Behavior and Human Decision Processes*，2000，82(1):9-27.

[20] Andrews K.M.，Delahaye B.L.. Influences on knowledge processes in organizational learning: the psychosocial filter [J]. *Journal of Management Studies*，2000，37(6):797-810.

　　[21] Dirks K.T., Ferrin D.L.. The role of trust in organizational settings [J]. *Organization science*, 2001, 12(4):450-467.

　　[22] Levin D.Z., Cross R.. The strength of weak ties you can trust: The mediating role of trust in effective knowledge transfer [J]. *Management science*, 2004, 50(11):1477-1490.

　　[23] Chowdhury S.. The role of affect-and cognition-based trust in complex knowledge sharing [J]. *Journal of Managerial Issues*, 2005, 17(3):310-326.

　　[24] 孔德超.虚拟社区的知识共享模式研究[J].图书馆学研究,2009, 10:95-97.

　　[25] 罗婷,何会涛,彭纪生.认知、情感信任对不同知识共享行为的影响研究[J].科技管理研究,2009, 29(12):381-383.

　　[26] 刘春艳.信任与知识共享行为关系模型的理论研究[J].图书馆学研究,2011, (6):2-6.

　　[27] 王娟茹,杨瑾.信任,团队互动与知识共享行为的关系研究[J].科学学与科学技术管理,2012, 33(10):31-39.

表2-5　影响知识共享的客体因素

类　　型	影响因素	代表人物及其研究
客体因素	知识的自然属性	波兰尼（Polanyi, 1966）[1]、野中郁次郎和竹内宏高（Nonaka & Takeuchi, 1995）[2]、赞德和科格特（Zander & Kogut, 1995）[3]、卡明斯和滕（Cummings & Teng, 2003）[4]、莱韦特和盖纳夫（Levett & Guenov, 2000）[5]、蔡翔（2009）[6]、曾其勇和王忠义（2011）[7]、王娟（2012）[8]等
	知识的社会属性	康斯坦特等（Constant et al., 1994[9], 1996）[10]、琼斯和亚尔丹（Jones & Jardan, 1998）[11]、贾文帕和斯特普尔斯（Jarvenpaa & Staples, 2000[12], 2001）[13]、瓦斯寇和法拉吉（Wasko & Faraj, 2000）[14]、乌兹和兰开斯特（Uzzi & Lancaster, 2003）[15]、慕继丰等人（2002）[16]、雷志柱和丁长青（2010）[17]、金辉、杨忠和冯帆（2011）[18]等

注:[1] Polanyi M.. *The tacit Dimension* [M]. London: Routledge and Kegan Paul, 1966.

　　[2] Nonaka I., Takeuchi H., Takeuchi H.. The Knowledge-creating Company: How Japanese Companies Create the Dynamics of Innovation [M]. New York: Oxford University Press, 1995.

　　[3] Zander U., Kogut B.. Knowledge and the speed of the transfer and imitation of organizational capabilities: An empirical test [J]. *Organization Science*, 1995, 6(1):76-92.

　　[4] Cummings J.L., Teng B.S.. Transferring R&D knowledge: the key factors affecting knowledge transfer success [J]. *Journal of Engineering and Technology Management*, 2003, 20(1-2):39-68.

　　[5] Levett G.P., Guenov M.D.. A methodology for knowledge management implementation [J]. *Journal of Knowledge Management*, 2000, 4(3):258-270.

　　[6] 蔡翔,李翠,郭冠妍.团队内部粘滞性知识共享的模型构建与管理对策[J].科技进步与对策,2009, 26(7):139-142.

　　[7] 曾其勇,王忠义.政府公务员隐性知识共享影响因素分析及策略研究[J].图书情报知识,2011, 141(3):103-108.

　　[8] 王娟.组织内部知识共享过程中的影响因素分析[J].情报科学,2012, 30(7):993-998.

　　[9] Constant D., Kiesler S., Sproull L.. What's mine is ours, or is it? A study of attitudes

about information sharing [J]. *Information Systems Research*，1994，5(4):400-421.

[10] Constant D.，Sproull L.，Kiesler S.. The kindness of strangers: the usefulness of electronic weak ties for technical advice [J]. *Organization Science*，1996，7(2):119-135.

[11] Jones P.，Jordan J.. Knowledge orientations and team effectiveness [J]. *International Journal of Technology Management*，1998，16(1-3):152-161.

[12] Jarvenpaa S.L.，Staples D.S.. The use of collaborative electronic media for information sharing: an exploratory study of determinants [J]. *The Journal of Strategic Information Systems*，2000，9(2):129-154.

[13] Jarvenpaa S.L.，Staples D.S.. Exploring perceptions of organizational ownership of information and expertise [J]. *Journal of Management Information Systems*，2001，18(1):151-183.

[14] Wasko M.M.，Faraj S.. "It is what one does": why people participate and help others in electronic communities of practice [J]. *The Journal of Strategic Information Systems*，2000，9(2):155-173.

[15] Uzzi B.，Lancaster R.. The role of relationships in interfirm knowledge transfer and learning: The case of corporate debt markets [J]. *Management Science*，2003，49(4):383-399.

[16] 慕继丰,张炜,陈方丽.建立企业竞争优势的知识管理框架[J].决策借鉴,2002,15(4):17-22.

[17] 雷志柱,丁长青.基于理性行为理论的知识共享行为模型研究[J].统计与决策,2010,315(15):68-70.

[18] 金辉,杨忠,冯帆.物质激励,知识所有权与组织知识共享研究[J].科学学研究,2011,29(7):1036-1045.

表2-6 影响知识共享的组织因素

类　　型	影响因素	代表人物及其研究
组织因素	组织激励	休兰斯奇(Szulanski, 1996[1]，2000[2])、欧戴尔和格雷森(O'Dell & Grayson, 1998)[3]、奥斯特罗和弗雷(Osterloh & Frey, 2000)[4]、霍尔(Hall, 2001)[5]、博克和基姆(Bock & Kim, 2002)[6]、卡布雷拉和卡布雷拉(Cabrera & Cabrera, 2002)[7]、博克等(Bock et al.，2005)[8]、坎坎哈里等(Kankanhalli et al.，2005)[9]、穆勒等(Muller et al.，2005)[10]、康等(Kang et al.，2010)[11]等
	组织制度	海因兹和普费弗(Hinds & Pfeffer, 2003)[12]等
	组织结构	贝吉隆(Bergeron, 2003)[13]等
	组织文化	达文波特和普鲁萨克（Davenport & Prusak, 1998)[14]、潘和史考伯(Pan & Scarbrough, 1998)[15]、欧戴尔和格雷森(O'Dell & Grayson, 1998)[16]、麦克德莫特和欧戴尔(McDermott & O'Dell, 2001)[17]等
	组织氛围	杨池和普瑞桑弗尼切（Janz & Prasarnphanich, 2003)[18]、萨拉加和博纳凯（Zarraga & Bonache, 2003)[19]、博克等(Bock et al.，2005)[20]、柯林和史密斯(Collin & Smith, 2006)[21]等

［1］Szulanski G.. Exploring internal stickiness: Impediments to the transfer of best practice within the firm ［J］. *Strategic Management Journal*, 1996, 17(Winter Special Issue):27-43.

［2］Szulanski G.. The process of knowledge transfer: A diachronic analysis of stickiness ［J］. *Organizational Behavior and Human Decision Processes*, 2000, 82(1):9-27.

［3］O'Dell C., Grayson C.J.. If only we knew what we know: identification and transfer of internal best practices ［J］. *California Management Review*, 1998, 40(3):154-174.

［4］Osterloh M., Frey B.S.. Motivation, knowledge transfer, and organizational forms ［J］. *Organization Science*, 2000, 11(5):538-550.

［5］Hall H.. Input-friendliness: motivating knowledge sharing across intranets ［J］. *Journal of Information Science*, 2001, 27(3):139-146.

［6］Bock G.W., Kim Y.G.. Breaking the myths of rewards: an exploratory study of attitudes about knowledge sharing ［J］. *Information Resources Management Journal* (IRMJ). 2002, 15(2):14-21.

［7］Cabrera A., Cabrera E. F.. Knowledge-sharing dilemmas ［J］. *Organization Studies*, 2002, 23(5):687-710.

［8］Bock G.W., Zmud R.W., Kim Y.G. et al. Behavioral intention formation in knowledge sharing: examining the roles of extrinsic motivators, social-psychological forces, and organizational climate ［J］. *MIS Quarterly*, 2005, 29(1):87-111.

［9］Kankanhalli A., Tan B.C., Wei K.K.. Contributing knowledge to electronic knowledge repositories: an empirical investigation ［J］. *MIS Quarterly*, 2005, 29(1):113-143.

［10］Muller R.M., Spiliopoulou M., Lenz H.J.. The influence of incentives and culture on knowledge sharing ［C］. Hawaii International Conference on System Sciences, Hawaii, 2005.

［11］Kang M., Kim Y.G., Bock G.W.. Identifying different antecedents for closed vs open knowledge transfer ［J］. *Journal of Information Science*, 2010, 36(5):585-602.

［12］Hinds P.J., Pfeffer J.. Why organizations don't " Know what they know": Cognitive and motivational factors affecting the transfer of expertise ［A］. In Ackerman M., Pipek V., Wulf V..(Eds), *Sharing Expertise: Beyond Knowledge Management* ［C］:3-26. Cambridge: The MIT Press, 2003.

［13］Bergeron B.. *Essentials of Knowledge Management* ［M］. John Wiley & Sons Inc, 2003.

［14］Davenport T.H., Prusak L.. *Working Knowledge: How Organizations Manage What They Know* ［M］. Boston: Harvard Business Press, 1998.

［15］Pan S.L., Scarbrough H.. A socio-technical view of knowledge sharing at Buckman Laboratories ［J］. *Journal of Knowledge Management*, 1998, 2(1):55-66.

［16］O'Dell C., Grayson C.J.. If only we knew what we know: identification and transfer of internal best practices ［J］. *California Management Review*, 1998, 40(3):154-174.

［17］Mcdermott R., O'Dell C.. Overcoming cultural barriers to sharing knowledge ［J］. *Journal of Knowledge Management*, 2001, 5(1):76-85.

［18］Janz B.D., Prasarnphanich P.. Understanding the Antecedents of Effective Knowledge Management: The Importance of a Knowledge-Centered Culture ［J］. *Decision Sciences*, 2003, 34(2):351-384.

［19］Zarraga C., Bonache J.. Assessing the team environment for knowledge sharing: an empirical analysis ［J］. *International Journal of Human Resource Management*, 2003, 14(7): 1227-1245.

［20］Bock G.W., Zmud R.W., Kim Y.G. et al. Behavioral intention formation in knowledge sharing: examining the roles of extrinsic motivators, social-psychological forces, and organizational climate ［J］. *MIS Quarterly*, 2005, 29(1):87-111.

［21］Collins C.J., Smith K.G.. Knowledge exchange and combination: The role of human resource practices in the performance of high-technology firms ［J］. *AMJ*, 2006, 49(3):544-560.

表 2-7　影响知识共享的文化因素

类　　型	影响因素	代表人物及其研究
文化因素	集体主义	周等（Chow et al.，1999）[1]、周等（Chow et al.，2000）[2]、利特瑞尔（Littrell，2002）[3]、赫斯特德和米哈伊洛娃（Husted & Michailova，2002）[4]、哈钦斯和米哈伊洛娃（Hutchings & Michailova，2003）[5]、哈钦斯和米哈伊洛娃（Hutchings & Michailova，2004）[6]、韦尔和哈钦斯（Weir & Hutchings，2005）[7]、哈钦斯和米哈伊洛娃（Hutchings & Michailova，2006）[8]、休和哈拉（Hew & Hara，2007）[9]、黄和基姆（Hwang & Kim，2007）[10]等
	面子文化	黄等（Hwang et al.，2003）[11]、弗尔佩尔和韩（Voelpel & Han，2005）[12]、阿德吉弗里等（Ardichvili et al.，2006）[13]、哈钦斯和米哈伊洛娃（Hutchings & Michailova，2006）[14]、童和米特拉（Tong & Mitra，2009）[15]、希恩等（Shin et al.，2007）[16]、黄等（Huang et al.，2008）[17]、黄等（Huang et al.，2011）[18]等
	关系文化	哈钦斯和米哈伊洛娃（Hutchings & Michailova，2006）[19]、希恩等（Shin et al.，2007）[20]、黄等（Huang et al.，2008）[21]、黄等（Huang et al.，2011）[22]等
	其他民族文化	拉尔斯顿等（Ralston et al.，1999）[23]、梁等（Leung et al.，2002）[24]、希恩等（Shin et al.，2007）[25]等

注：[1] Chow C.W.，Harrison G.L.，Mckinnon J.L. et al. Cultural influences on informal information sharing in Chinese and Anglo-American organizations: an exploratory study [J]. *Accounting, Organizations and Society*，1999，24(7):561-582.

[2] Chow C.W.，Deng F.J.，Ho J.L.. The openness of knowledge sharing within organizations: a comparative study of the United States and the People's Republic of China [J]. *Journal of Management Accounting Research*，2000，12(1):65-95.

[3] Littrell R.F.. Desirable leadership behaviours of multi-cultural managers in China [J]. *Journal of Management Development*，2002，21(1):5-74.

[4] Husted K.，Michailova S.. Diagnosing and fighting knowledge-sharing hostility [J]. *Organizational Dynamics*，2002，31(1):60-73.

[5] Hutchings K.，Michailova S.. Facilitating knowledge sharing in Russian and Chinese subsidiaries: the importance of groups and personal networks. Centre for Knowledge Governance Working Paper，Copenhagen: Copenhagen Business School，2003.

[6] Hutchings K.，Michailova S.. Facilitating knowledge sharing in Russian and Chinese subsidiaries: the role of personal networks and group membership [J]. *Journal of Knowledge Management*，2004，8(2):84-94.

[7] Weir D.，Hutchings K.. Cultural embeddedness and contextual constraints: knowledge sharing in Chinese and Arab cultures [J]. *Knowledge and Process Management*，2005，12(2): 89-98.

[8] Hutchings K.，Michailova S.. The impact of group membership on knowledge sharing in

Russia and China [J]. *International Journal of Emerging Markets*, 2006, 1(1):21-34.

[9] Hew K. F., Hara N.. Empirical study of motivators and barriers of teacher online knowledge sharing [J]. *Educational Technology Research and Development*, 2007, 55(6):573-595.

[10] Hwang Y., Kim D.J.. Understanding affective commitment, collectivist culture, and social influence in relation to knowledge sharing in technology mediated learning [J]. *IEEE Transactions on Professional Communication*, 2007, 50(3):232-248.

[11] Hwang A., Francesco A.M., Kessler E.. The relationship between individualism-collectivism, face, and feedback and learning processes in Hong Kong, Singapore, and the United States [J]. *Journal of Cross-Cultural Psychology*, 2003, 34(1):72-91.

[12] Voelpel S.C., Han Z.. Managing knowledge sharing in China: the case of Siemens ShareNet [J]. *Journal of Knowledge Management*, 2005, 9(3):51-63.

[13] Ardichvili A., Maurer M., Li W. et al. Cultural influences on knowledge sharing through online communities of practice [J]. *Journal of Knowledge Management*, 2006, 10(1):94-107.

[14] Hutchings K., Michailova S.. The impact of group membership on knowledge sharing in Russia and China [J]. *International Journal of Emerging Markets*, 2006, 1(1):21-34.

[15] Tong J., Mitra A.. Chinese cultural influences on knowledge management practice [J]. *Journal of Knowledge Management*, 2009, 13(2):49-62.

[16] Shin S.K., Ishman M., Sanders G.L.. An empirical investigation of socio-cultural factors of information sharing in China [J]. *Information & Management*, 2007, 44(2):165-174.

[17] Huang Q., Davison R.M., Gu J.. Impact of personal and cultural factors on knowledge sharing in China [J]. *Asia Pacific Journal of Management*, 2008, 25(3):451-471.

[18] Huang Q., Davison R.M., Gu J.. The impact of trust, guanxi orientation and face on the intention of Chinese employees and managers to engage in peer-to-peer tacit and explicit knowledge sharing [J]. *Information Systems Journal*, 2011, 21(6):557-577.

[19] Hutchings K., Michailova S.. The impact of group membership on knowledge sharing in Russia and China [J]. *International Journal of Emerging Markets*, 2006, 1(1):21-34.

[20] Shin S.K., Ishman M., Sanders G.L.. An empirical investigation of socio-cultural factors of information sharing in China [J]. *Information & Management*, 2007, 44(2):165-174.

[21] Huang Q., Davison R.M., Gu J.. Impact of personal and cultural factors on knowledge sharing in China [J]. *Asia Pacific Journal of Management*, 2008, 25(3):451-471.

[22] Huang Q., Davison R.M., Gu J.. The impact of trust, guanxi orientation and face on the intention of Chinese employees and managers to engage in peer-to-peer tacit and explicit knowledge sharing [J]. *Information Systems Journal*, 2011, 21(6):557-577.

[23] Ralston D.A., Egri C.P., Stewart S. et al. Doing business in the 21st century with the new generation of Chinese managers: A study of generational shifts in work values in China [J]. *Journal of International Business Studies*, 1999, 30(2):415-427.

[24] Leung K., Koch P.T., Lu L.. A dualistic model of harmony and its implications for conflict management in Asia [J]. *Asia Pacific Journal of Management*, 2002, 19(2-3):201-220.

[25] Shin S.K., Ishman M., Sanders G.L.. An empirical investigation of socio-cultural factors of information sharing in China [J]. *Information & Management*, 2007, 44(2):165-174.

2.3　团队成员知识共享：一个分析框架

从本章第 2 节的文献梳理看，学术界对知识共享的研究成果视角多样，内容庞杂。聚焦到本书对知识共享的分析，我们主要从两个角度切入，一是个体层面的知识共享意愿和动机，二是团队层面的团队知识共享有效性。在上述分析的基础上，本节的主要目的是构建一个包含上述两个层面、两个分析视角的整合框架，以作为本书的逻辑统合。

2.3.1　团队成员知识共享行为及其效果的分析

1. 个体层面—团队成员知识共享的动机分析

团队成员知识共享的动机源自何处？不同的理论有不同的解释。经济学和理性选择均采用理性行为的基本假设，都把理性视为单个行动主体拥有的，先验于任何文化、制度的一个外在的属性。基于这一理论假设，团队成员之所以共享知识，是因为知识也是一种可以带来回报的"商品"，通过个体之间或者个体与组织之间的知识共享这样一种特定的"商品交易"过程，团队成员可以获得符合他们偏好的预期回报。经济学和理性选择理论通常将行动主体的选择偏好作为假设来处理，很少关心选择偏好的来源。以社会交换理论为代表的相关研究认为，社会规范通过塑造个体选择偏好进而影响知识共享行为。基于社会心理视角的研究将知识共享行为界定为一种典型的自我决定行为，该类研究侧重从个体的内在动机和自我回报来诠释个体知识共享行为的发生机制。而文化视角下的知识共享研究则遵循类似的逻辑，认为文化塑造个体行为偏好，进而影响个体的知识共享动机和意愿。

（1）激励与知识共享。

基于经济学视角的知识共享激励研究强调了以组织为主导的经济激励模式，并且此类文献认为经济激励主要存在两种模式,分别为:以团队为单位的经济激励模式(team-based reward model)与以个体为单位的经济激励模式(individual-based reward model)(谢荷锋,刘超,2011)①。知识共享的边际贡献与边际成本、知识的属性是选择经济激励模式的两个重要依据。对于系统化程度较高的知识,应采用以团队为单位的经济激励模式;反之,对于系统化程度较低的知识,则应采用以个体为单位的经济激励模式(丛海涛和唐元虎,2007②)。无论是以团队为单位的经济激励模式,还是以个体为单位的经济激励模式,学术界均对其激励的效应进行了广泛的理论研究与实证研究。然而,学者们对经济激励是否能促进知识共享的研究结论并不统一。例如,有些学者认为经济激励会促进个体知识共享的意愿(如:Davenport & Prusak, 1998③; Husted & Michailova, 2002④; Kankanhalli et al., 2005⑤;冯帆等,2007⑥);而另一些学者却发现,物质奖酬对个体知识共享会产生消极影响(如: Bock et al., 2005⑦; Bock & Kim,

---

① 谢荷锋,刘超."拥挤"视角下的知识分享奖励制度的激励效应[J].科学学研究,2011, 29(10):1549-1556.

② 丛海涛,唐元虎.隐性知识转移,共享的激励机制研究[J].科研管理,2007, 28(1):33-37.

③ Davenport T., Prusak L.. Know what you know-Book excerpt: working knowledge learn how valuable corporate knowledge is acquired, created, bought, sold and bartered [J]. CIO-FRAMINGHAM MA-, 1998, 11:58-63.

④ Husted K, Michailova S. Diagnosing and fighting knowledge-sharing hostility [J]. *Organizational Dynamics*, 2002, 31(1):60-73.

⑤ Kankanhalli A., Tan B.C.Y., Wei K.K.. Contributing knowledge to electronic knowledge repositories: an empirical investigation [J]. *MIS Quarterly*, 2005:113-143.

⑥ 冯帆,廖飞.知识的粘性,知识转移与管理对策[J].科学学与科学技术管理,2007, 28(9):89-93.

⑦ Bock G.W., Zmud R.W., Kim Y.G. et al. Behavioral intention formation in knowledge sharing: Examining the roles of extrinsic motivators, social-psychological forces, and organizational climate [J]. *MIS Quarterly*, 2005:87-111.

2002①；Lin，2007②；Quigley et al.，2007③），还有一些学者发现，二者之间不存在显著关系（如，Tohidinia & Mosakhani，2009④；Chennamaneni，2007⑤）。在组织实践中，屡见不鲜的"有激励而无共享"的现象也印证了经济激励系统并未达到组织预期的功效。一些学者对为何经济学视角下的知识共享激励研究结论存在矛盾做了进一步解释。一些学者认为遗漏某些调节变量是经济激励效应结论矛盾的关键所在。例如汉森（Hansen，1999）⑥提出，知识属性是调节经济效应的潜在重要变量。经济激励适用于具有较高的可编码性的知识共享行为，即显性知识的共享；而不适用于隐性知识的共享。另一些学者则认为知识共享的经济利益难以客观精准估价并且知识共享行为本身难以时时监测，因此知识共享并非简单的经济交换行为，传统的经济学分析框架及其赖以建立的基础假设均不适用于知识共享。相对于物质经济因素，社会因素和个体心理因素是影响个体知识共享的关键所在。

---

①　Bock G.W.，Kim Y.G.. Breaking the myths of rewards: An exploratory study of attitudes about knowledge sharing [J]. *Information Resources Management Journal* (IRMJ)，2002，15(2):14-21.

②　Lin H.F.. Knowledge sharing and firm innovation capability: an empirical study [J]. *International Journal of Manpower*，2007，28(3/4):315-332.

③　Quigley N.R.，Tesluk P.E.，Locke E.A. et al. A multilevel investigation of the motivational mechanisms underlying knowledge sharing and performance [J]. *Organization Science*，2007，18(1):71-88.

④　Tohidinia Z.，Mosakhani M.. Knowledge sharing behaviour and its predictors [J]. *Industrial Management & Data Systems*，2010，110(4):611-631.

⑤　Chennamaneni A.. Determinants of knowledge sharing behaviors: Developing and testing an integrated theoretical model [J]. 2007.

⑥　Hansen M.T.. The search-transfer problem: The role of weak ties in sharing knowledge across organization subunits [J]. *Administrative Science Quarterly*，1999，44(1):82-111.

　　基于社会学视角的知识共享激励研究强调了对个体知识共享的社会性补偿的重要性,并提出若干社会性补偿的激励要素,如:互惠、声誉(形象)、权力(地位)、社会关系等。与此同时,学者们对这些社会性补偿的激励有效性展开了广泛的实证研究。例如:博克等人(Bock et al.,2005)[①]、坎坎哈里等人(Kankanhalli et al.,2005)[②]和林(Lin,2007)[③]的研究均表明互惠是激发个体参与知识共享的重要因素;许和林(Hsu & Lin,2008)[④]证实了形象、互惠和社会关系均可有效促进个体的知识共享意愿。与基于经济学视角的知识共享激励研究相比,基于社会性视角的知识共享激励研究更具合理性与优越性,这类研究从“社会人”的假设出发,探究了个体参与知识共享的社会动机与根源,并且在一定程度上缓解了纯粹经济激励模式无效或低效的困境,然而值得注意的是,与经济性回报一样,社会性补偿的本质仍为个体获得的外界收益。

　　社会心理视角下的研究提出了两类影响知识共享行为的内在性激励因素:第一类内在性激励因素源自个体对“自我感知”的需求,如:挑战性、成就感、自我效能感等;第二类内在性激励因素源自个体对“利他主义”的需求,如:助人的愉悦感等。博克等人

---

①　Bock G.W., Zmud R.W., Kim Y.G. et al.. Behavioral intention formation in knowledge sharing: examining the roles of extrinsic motivators, social-psychological forces, and organizational climate [J]. *MIS Quarterly*, 2005, 29(1):87-111.

②　Kankanhalli A., Tan B.C.Y., Wei K-K.. Contributing Knowledge to Electronic Knowledge Repositories: An Empirical Investigation [J]. *MIS Quarterly*, 2005, 29(1):113-143.

③　Lin H.F. Knowledge sharing and firm innovation capability: an empirical study [J]. *International Journal of Manpower*, 2007, 28(3/4):315-332.

④　Hsu C.L., Lin J.C.C.. Acceptance of blog usage: the roles of technology acceptance, social influence and knowledge sharing motivation [J]. *Information & Management*, 2008, 45(1):65-74.

(Bock et al.，2005)①的研究发现，自我效能感可以有效促进个体知识共享的意愿；林(Lin，2007)②发现，个体参与知识共享的主要动机之一是获得助人的愉悦感。虽然基于社会心理视角的知识共享激励研究突破了传统经济学和社会学过于关注外在收益的局限，但是相对于后两者，其实际可操作性欠佳。因此，如何提升个体内在激励的可操作性仍有待进一步探索。

在本书的第 3 章、第 4 章中，我们通过若干独立的研究展现了经济激励(包括物质激励与产权激励)这种外在的激励方式以及内在激励(社会交换、助人愉悦感等)与团队成员知识共享行为之间的复杂关系，并在此基础上基于博弈论构建了组织中知识型员工的知识工作激励机制。

(2) 文化与知识共享。

组织是一个开放系统，一方面个体在成为组织成员之时，已带有文化或者习惯的烙印；另一方面，在组织的持续运转当中，与其所处的外部环境不停地进行互动，组织的制度、习惯等均受到外部环境，例如文化、社会习俗的影响。组织成员的知识共享行为也概莫能外。我们按照"文化(国家和组织文化)→个体行为偏好→个体的知识共享行为"的逻辑分析文化对个体共享知识的影响。我们之所以将文化作为一个影响个体共享知识的重要前因，是因为，首先，知识管理研究领域的大量文献已经证实文化对知识共享有重要影响；

---

① Bock G.W.，Zmud R.W.，Kim Y.G. et al. Behavioral intention formation in knowledge sharing: examining the roles of extrinsic motivators，social-psychological forces，and organizational climate [J]. *MIS Quarterly*，2005，29(1):87-111.

② Lin H.F.. Knowledge sharing and firm innovation capability: an empirical study[J]. *International Journal of Manpower*，2007，28(3/4):315-332.

其次,中国文化相对于西方文化而言,有自己的独特内涵和表征,在中国的独特文化背景下,组织成员呈现出何种的知识共享行为特点,既有理论上的研究趣味,也攸关我国企业如何通过文化塑造有效干预员工的知识共享行为;最后,我国处于经济、社会的转型期,在这一特定的历史时期,具有稳定性的文化对组织成员的知识共享行为的影响可能会更为凸显。

在组织开展知识管理的过程中,影响员工知识共享的文化因素主要涉及两个层面:一是微观层面的文化,即组织文化;二是宏观层面的文化,即指国家文化。

霍夫斯泰德认为,所谓"文化",是在同一个环境中的人民所具有的"共同的心理程序"。因此,文化不是一种个体特征,而是具有相同社会经验、受过相同教育的许多人所共有的心理程序。不同的群体,不同的国家或地区的人们,这种共有的心理程序之所以会有差异,是因为他们向来受着不同的教育、有着不同的社会背景和工作历练,从而也就有不同的思维模式。

霍夫斯泰德和邦德(Hofstede & Bond, 1988)①开发了包含五个维度的国家文化模型,这五个维度分别是:权力距离、不确定规避、个人主义与集体主义、刚/柔气质,以及长期取向与短期取向。在承认霍夫斯泰德和邦德的国家文化模型的普适性的同时,也应注意到杨国枢于1993年提出的"本土契合性"(indigenous compatibility)这一理念,他认为要想理解特定文化中人们的沟通和行为表现,必须要试图理解他们所处的情境,中国情境下的研究应从本国特有

---

① Hofstede G., Bond M.H.. Hofstede's culture dimensions an independent validation using rokeach's value survey [J]. *Journal of Cross-cultural Psychology*, 1984, 15(4):417-433.

的文化现象入手,采用本土文化概念解释中国人的行为。

霍夫斯泰德认为,组织文化是价值观和实践的复合体,其中价值观是核心,实践部分则包括意识和象征。霍夫斯泰德首先提出了明确的组织文化层次结构,他认为,企业文化由价值观和实践两个部分组成,其中价值观包含三个独立的维度:对安全的需要、以工作为中心、对权威的需要,而实践部分则包括六个独立的成对维度:过程导向—结果导向、员工导向—工作导向、本地化—专业化、开放—封闭、控制松散—控制严格、规范化—实用化。

国家文化和组织文化如何影响组织员工的知识共享行为? 文化是一种共有的"心智模式"或者说是一种"共同的心理程序",因此,无论是国家文化还是组织文化,都是潜移默化地影响个体的行为偏好,进而影响个体在知识共享这一特定的行为领域的动机、态度和意愿,并最终影响组织中团队内成员的知识共享行为。

本书的第 5 章基于"价值观→动机→行为"模型,分析我国本土文化对团队成员知识共享行为的影响;第 6 章基于理性选择理论和社会影响理论,分析了组织文化对员工知识共享行为的影响。

2. 团队层面—团队知识共享的有效性

团队成员即使有充分的知识共享动机和意愿,也不必然带来团队层面的知识共享的有效性。导致上述结果的原因可能来自于以下两个方面。

首先,如果我们更多地关注员工的知识共享动机,这种研究取向背后隐含的假设就是在知识共享中,知识发送方是关键的一方,如果知识发送方有意愿和动机共享知识,知识共享行为就能发生。上述研究取向忽视了知识接受方的对所共享知识的吸收能力和吸收意愿。由于知识的默会性和复杂性,知识接受方对知识的吸收能力和吸收意愿对团队整体知识共享的有效性会产生重要的影响。因此,在团队层面分析知识共享有效性时,应该打开知识共享行为的黑箱,从知识发送和知识搜集两个方面入手,分析团队知识共享的有效性。本书第 6 章从解剖团队知识共享行为结构入手,将知识共享细分为知识贡献和知识搜集,并依据上述两类行为的强弱,将团队知识共享行为分为 4 种形态、16 种具体的类型,在此基础上,提出了提升团队知识共享有效性的理想路径和针对性的管理干预措施。

其次,现有研究发现,当一个团队其成员所拥有的知识高度同质时,即使团队成员拥有高度的知识共享意愿,团队整体知识共享的有效性也较弱,而当团队成员拥有异质性程度较高的知识时,其一方面为团队形成有效的知识共享提供了广阔的机会;但另一方面可能因为这种异质性导致团队内部的冲突,进而阻碍团队的知识共享。从团队构成出发研究团队创新的文献在阐述团队多样性影响团队创新时普遍基于两个机制:一个是社会分类机制;另一个是信息/决策机制。前一个机制的基础假设是员工是一个"社会人"。"物以类聚,人以群分",团队中的员工会基于自己的身份特征将自己归为团队中的一个小群体,这个群体中的成员在身份特征上具有相似性。团队中小群体的存在会引发一系列不利于团队整体的社会过程,例如影响团队凝聚力、引发团队内部的冲突,等等,但现有研究表明,团队成员是否进行社会分类,取决于是否存在适当的触发条件。信息/决策机制的前提假设是员工是"理性人"。团队成员认知上的多样性,将为团队展开知识创造活动提供更多的试错空间和备择方案。在团队知识共享过程中,社会分类机制和信息/决策机制或者说是认知机制共同发生作用。在知识分工阶段,团队成员需要了解其他成员的知识专长、团队成员的可协作性,以及团队任务与团队知识图谱的匹配。理想情况下,信息/决策或者说认知机制决定了知识分工的优劣,但在现实当中,这一过程显然还受到社会分类机制的影响。在了解其他员工的知识专长和可协作性时,如果存在因身份差异而产生的偏见,则很可能影响最终的认知结果。在知识重组阶段,员工、小群体或者团队在进行知识重组时,无疑会受到认知能力的影响和限制,但不可忽视的是,社会分类机制也可能使知识重组过程发生偏差。在新知识的筛选和实施过程中,大量的研究已经表明,这一过程不仅仅是一个理性决策的过程,而且是一个社会选择的过程。本书第 6 章将以团队多样性带来的知识异质性作为一个前因变量,分析其对个体知识共享行为和团队知识共享效果的影响。

2.3.2　团队成员知识共享行为及其效果的研究框架

本章第 1 节介绍了个体层面和团队层面分析知识共享的"骨架",在借鉴现有知识共享研究相关理论及实证研究的基础上,本章第 3 节从激励与文化两个理论视角出发简要阐述了本书对个体知识共享行为的分析逻辑;沿着 TRA 的"态度—意愿—行为"的理论逻辑,我们认为,个体在激励和文化的作用下,会形成对"知识共享"这一特定行为稳定、一致的态度,但当个体进入一个团队时,这个稳定、一致的关于"知识共享"行为的认知和态度是否能够导向最终的"知识共享"行动,最终形成团队层面的有效的知识共享,有待研究。我们认为,在团队层面,有两个因素值得考量,一是团队成员"知识共享行为"的差异性,二是团队成员知识的异质性。我们首先打开团队知识共享行为的"黑箱",将知识共享行为细分为知识贡献行为和知识搜集行为;其次,分析团队成员知识异质性对知识共享行为和团队知识共享有效性的影响。综合个体知识共享行为和团队知识共享有效性,我们形成了一个分析团队知识共享行为及其有效性的跨层分析框架,具体如图 2-2 所示。

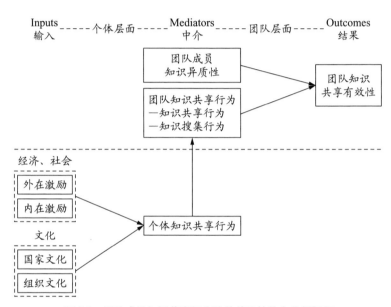

图 2-2　团队成员知识共享行为及其效果的整合分析框架

3
组织激励与知识共享

知识管理的基本假设是"作为生活在竞争环境中的理性人,更需要经济上和心理上的满足,知识共享者无论是个人还是组织,都需要获得自己期望的利益,否则就没有动力从事这种知识的生产与传播活动"(何绍华等,2005)①。因此,建立有效的激励机制以促进知识的转移构成了组织最重要的任务之一。理论研究和实践亦证实了激励机制是组织促使知识发生转移、提高知识转移效率的重要手段,对个体到群体的知识转移、个体到组织的知识转移效果具有显著影响,组织激励对个体知识转移的积极性与效果都会产生积极影响(魏江和王铜安,2006)②。

从激励对知识共享的必要性看,知识源与知识接受方在知识共享的过程中都要付出时间、精力、财富等代价,所以必须对知识转移的双方都进行激励③。由于知识的价值性和作为资源的特殊性,对

---

① 何绍华,郭琳琳.促进知识型企业中隐性知识的共享[J].图书情报,2005(6):7-9.

② 魏江,王铜安.个体、群组、组织间知识转移影响因素的实证研究[J].科学学研究,2006,(2):91-97.

③ Osterloh M., Frey B.S.. Motivation, knowledge transfer, and organizational forms [J]. *Organization Science*, 2000, 11(5):538-550.

于知识拥有者而言,其在主观上存在知识保守思想(knowledge hoarding ideas),进行知识共享会具有潜在的丧失知识的独家所有权、特权或优势地位的可能性。同样,对于知识接受者而言,受到"惰性"等因素的影响,通过努力来获取学习知识,打破既定思维的积极性和努力程度也需要加强。由于缺乏激励导致的,接受新知识时出现故意拖延、虚假接受、被动应付、暗地破坏或公然的反抗等行为在企业实践中屡见不鲜。由此可见,如果没有相应合适的激励机制来促进知识共享的参与者,知识共享的进程会受到很大的阻碍,效率和有效性也会大大降低,因此激励对于知识共享来说可以是一个相当必要的条件。

本章首先探讨了组织中激励的方式,对不同的激励方式对知识共享不同的影响机制进行了梳理和分析,最后提出了管理对策。

3.1　组织中的激励

在激励研究的最初阶段,学者们认为:激励是一个单一的概念,在其作用下,人们会有不同行为经历和行为结果。但随着研究的深入,学者们发现促使个体行为发生的激励因素可能源自于外界,也可能源自于个体内部。具体而言,个体之所以产生某一行为,可能是出于个体重视行为本身(value an activity),也可能出于个体受到外部压力(external coercion)的影响。由此,学术界提出了外在激励和内在激励的概念。外在激励是指让个体获得满足独立于行为之外,表现为:工资、奖金、福利、旅游、各种补贴、良好的人际关系等,更多关注的是物质层面;内在激励则指个人会在工作的过程中感到满足,由于对工作活动本身相当在意而产生,这种满足感可能来自于个体对工作本身的兴趣、价值、成就感等,更主要关注个体的精神层面。

3.1.1　外在激励

最初引起学术界关注的是外在激励。人们的感觉和态度、思想并不是决定他们行为发生的唯一原因,还有其他来自外界的因素在起着重要的作用。在组织中,雇员更像是一部机器,他们的行为应该受到组织的规范的设计和程序化的统筹,而不应该仅依靠个人的主观意愿和需求。这就赋予组织以合理的机制来激发对工作的积极性和投入程度的责任,通过设计各种外生激励措施来激发员工的工作热情,进而提升组织的绩效。这种观念引发了学界对外生激励的作用机制及其有效性的探索,提出各种不同视角的外在激励的方式:有些与物质相关,如:工资、绩效奖金、分红等;而有些则是偏重非物质方面,如组织赋予的荣誉,组织认同,以及良好的人际关系等。但无论是何种方式的外在激励措施都基于"个体的行为绩效会受到组织的回报,而这种组织的回报是个体所期望的,会满足个体的某些需求"而起作用,这又与交换理论(经济交换和社会交换)的原理不谋而合:如果个体从事的行为是为了获得物质回报,则属于经济交换;而如果个体从事的行为是为了获得长期"互利互惠"的关系,则属于社会交换。但无论个体追求的是物质回报还是非物质回报,这种激励均与行为本身无关。具体说来,个体对行为活动本身并非有兴趣或充满热情,真正对个体行为起诱导作用的是行为发生后可得到的外界奖励或回报,而这种个体从外界奖励或回报获得的满足感是独立于行为之外的(the satisfaction independent of the actual activity itself)①。这种外在动机是通过对需要的间接满足来发挥作用,最重要的是通过货币补偿(monetary compensation)来发挥作用。在组织里,外在动机驱动的协作通过将货币补偿与组织的目标相联系起来发挥作用。

对于外在激励是否能有效激励个体行为,学者们的观点至今仍不统一。有部分学者研究表明,外在激励的确可以促进个体行为发生,进而有效地引导个体的动机与组织的目标相结合。例如:波特和劳勒(Porter & Lawler,1968)②等学者提倡绩效工资以激励员工做出更多绩效努力和产出。他们认为绩效工资与个体绩效显然存在着正向关系,物质奖励的增加无疑会引致个体和组织绩效的增长。巴托尔和洛克(Bartol & Locke,2000)③认为:组织的外在激励在很多方面有利于激励个体从事组织期望的行为,可以激励个体为了获得有吸引力的物质回报而致力于组织目标,甚至物质奖励从某种程度上会告知(暗示)个体具有较高的工作能力,进而提升个体的自我效能。但与此同时,也有不少研究提出了反面观点。例如:里奇和拉尔森(Rich & Larson,1984)④对美国的92家企业调查后发现:那些对高管人员实施持股计划的企业(实施外在激励的企业)与没有实施持股计划的企业(不实施外在激励的企业)之间绩效并

① Calder B J., Staw B.M.. The self-perception of intrinsic and extrinsic motivation [J]. *Journal of Personality and Social Psychology*, 1975, 31(4):599-605.

② Porter L.W., Lawler E.E.. *Managerial Attitudes and Performance* [M]. Homewood, IL: Irwin-Dorsey, 1968.

③ Bartol K.M., Locke E.A.. Incentives and motivation [A]. In Rynes S, Gerhardt B.(Eds). *Compensation in Organization: Progress and Prospects* [C]:104-147. San Francisco: Lexington, 2000.

④ Rich J T, Larson J A. Why some long-term incentives fail [J]. *Compensation & Benefits Review*, 1984, 16(1):26-37.

没有存在差异,进而提出了外在激励无效论。有些学者认为:外在激励只是确保了个体的暂时性服从(temporary compliance)。当物质激励消失时,个体又会恢复到原来的行为习惯。换而言之,外在激励不会让个体产生对行为的承诺,也不会改变个体行为背后的态度与意愿。还有学者研究发现,当个体从事创新型工作时,外在激励与个体绩效是负相关。当个体的行为是出于获得外部激励,那么其创新行为的绩效往往表现一般,甚至不如那些并不渴望获得任何外部激励的个体的行为绩效。

3.1.2　内在激励

当学术界围绕外在激励是否有效的问题争论不休时,开始有一些学者关注到个体的内在激励问题。他们认为:在现实生活中,个体发生行为常常受到行为本身的激励,在行为过程中,个体可以获得收益,例如愉悦感、成就感等,这种收益并非来自外界压力或是回报。

学术界对内在激励的界定,经历了一个漫长的过程。内在激励的抽象性使得其内涵难以被界定,虽然在诸多激励理论流派或多或少都有"内在激励"的影子(Dyer & Parker, 1975)[①]:马斯洛(Maslow, 1943)[②]的需求理论提出最高层次的个体需求是"自我实现"(self-actualization),认为所有个体均有挖掘自身潜能

---

① Dyer L., Parker D.F.. Classifying outcomes in work motivation research: an examination of the intrinsic-extrinsic dichotomy [J]. *Journal of Applied Psychology*, 1975, 60(4):455-458.

② Maslow A.H.. A theory of human motivation [J]. *Psychological Review*, 1943, 50(4):370-396.

成长的需要(the need to fulfill one's potentialities)。奥尔德弗(Alderfer,1972)①提出了个体成长的需求(growth needs)的观点,他认为这种需求源自个体有探索和主宰外部环境的需要。麦格雷戈(Mcgregor,1960)②的 Y 理论和麦克莱兰(McClelland,1961)③的成就理论均强调,个体有胜任挑战性工作的内在需求和承担责任的愿望。斯科特(Scott,1966)④的自我觉醒理论(activation arousal)和怀特(White,1959)⑤的成长需求理论(growth-need)均认为:个体有挑战外部环境的需求。韦克斯利和余克尔(Wexley & Yukl,1977)⑥将工作情景中的个体内在激励描述为"个体致力于工作是出于个体成长的需要,例如:工作成就、胜任能力和自我价值实现等"。综合上述理论的研究,我们不难发现,笼统的内在激励是指个体对"感知胜任的需求"(need to feel competent)。

德西(Deci)于 1971 年首次对内在激励做出了明确的界定⑦,他认为,当个体发生某项行为并非出自于外界的物质奖励而是源自于行为本身时,个体就受到了内在激励。对此德西做出进一步解释,即便在没有任何的外部激励情况下,当个体致力于某一行为时其仍

---

① Alderfer C.P.. *Existence, Relatedness, and Growth: Human Needs in Organizational Settings* [M]. New York: The Free, 1972.

② Mcgregor D.. *The Human side of Enterprise* [M]. New York: McGraw-Hill, 1960.

③ McClelland D.C.. *The Achieving Society* [M]. Princeton: Van Nostrand, 1961.

④ Scott W.E.. Activation theory and task design [J]. *Organizational Behavior and Human Performance*, 1966, 1(1):3-30.

⑤ White R.W.. Motivation reconsidered: The concept of competence [J]. *Psychological Review*, 1959, 66(5):297-333.

⑥ Wexley K.N., Yukl G.A.. *Organizational Behavior and Personnel Psychology* [M]. Homewood, IL: Richard D. Irwin, 1977.

⑦ Deci E.L.. Effects of externally mediated rewards on intrinsic motivation [J]. *Journal of Personality and Social Psychology*, 1971, 18(1):105-115.

然会感受到激励,是因为个体感觉到自己能胜任该行为和对行为决策的自我掌控,这种胜任感和自我控制感源自于个体的内部,是个体对自我的感知(feelings he has about himself),与外界的因素无关。简而言之,内在激励源自行为本身带给个体的胜任感(feeling competence)和自我控制感(feeling self-determination)。在此基础上,德西(Deci, 1972)①进一步提出,个体对行为归因的判断以及胜任能力的感知决定了个体内在激励水平的高低。当个体在行为过程中受到外界物质激励时,个体会认为行为的发生源自外界(组织)的需要而非自我需要,因此当外界物质绩效消失,个体行为的内在激励也会下降。也就是说,当个体认为某项行为是受到外部控制而非自我控制时,个体的内在激励会削减。林登堡(Lindenberg, 2001)②将内在动机分为快乐导向型(enjoyment-based)和职责导向型(obligation-based)。所谓快乐导向型,就是人们因为自身的喜好或满意去从事一项活动而无需任何报酬,职责导向型就是人们因为自身的使命感或者社会规范要求而去从事一项活动。内部激励的主要特征是对活动本身的注意和兴趣,并表现为自我保持。它直接指向自我定义的目标,指向活动的执行。典型的内部工作激励是员工对工作内容本身感兴趣,而不是对工资、待遇等感兴趣。因此,为了形成员工内部工作动机,工作的内容必须使员工满意(Calder et al., 1975)③。

---

① Deci E.L.. The Effects of contingent and noncontingent rewards and controls on intrinsic motivation [J]. *Organizational Behavior & Human Performance*, 1972, Vol.8 Issue 2:217-229.

② Lindenberg S.. Intrinsic motivation in a new light [J]. *Kyklos*, 2001, 54(2-3):317-342.

③ Calder B.J., Staw B.M.. The self-perception of intrinsic and extrinsic motivation [J]. *Journal of Personality and Social Psychology*, 1975, 31(4):599-605.

与此同时,内在激励的作用和有效性也得到了众多学者的关注。瑞安和德西(Ryan & Deci,2000)[1]认为,由于内在激励反映了人性积极向上的一面(如渴望挑战与创新、拓展与开发自我能力、好学等),因此,在内在激励的作用下,个体会设置有挑战性的行为目标(challenging goals),当这些目标完成时,个体会体验到自我胜任的满足感(feeling satisfied with their own competence)。一系列的实证研究表明,对比那些受到外部激励(控制)而产生的个体行为,受到自我内在激励(控制)的个体行为会使得个体具备更多的行为兴趣、热情和信心,进而给组织带来高绩效和高创意产出的同时[2][3],使得个体也拥有更多的自尊、成就感、幸福感和自我效能[4][5][6]。由此可见,个体的内在激励对于个体一生的成长、发展至

---

[1] Ryan R.M., Deci E.L.. Self-determination theory and the facilitation of intrinsic motivation, social development, and well-being [J]. *American Psychologist*, 2000,55(1):68-78.

[2] Deci E.L., Ryan R.M.. A motivational approach to self: Integration in personality [A]. In Dienstbier R.(Eds). *Nebraska Symposium on Motivation* [C]: 237-288. Lincoln: University of Nebraska, 1991.

[3] Sheldon K.M., Ryan R.M., Rawsthorne L.J. et al.. Trait self and true self: Cross-role variation in the Big-Five personality traits and its relations with psychological authenticity and subjective well-being [J]. *Journal of Personality and Social Psychology*, 1997, 73(6):1380-1393.

[4] Nix G.A., Ryan R.M., Manly J.B. et al. Revitalization through self-regulation: The effects of autonomous and controlled motivation on happiness and vitality [J]. *Journal of Experimental Social Psychology*, 1999, 35(3):266-284.

[5] Deci E.L., Ryan R.M.. Human autonomy: The basis for true self-esteem [A]. In Kemis M.(Eds). *Efficacy, Agency, and Self-esteem* [C]: 31-49. New York: Plenum, 1995.

[6] Ryan R.M., Deci E.L., Grolnick W.S.. Autonomy, relatedness, and the self: Their relation to development and psychopathology [A]. In Cicchetti D., Cohen D.J. (Eds). *Developmental Psychopathology: Theory and Methods* [C]: 618-655. New York: Wiley, 1995.

关重要,并且是个体幸福感的重要来源之一(Ryan,1995)①。但也有少数研究认为内在激励会给组织带来负面的效应。他们指出,虽然从个体的视角出发,内在激励可以使得个体通过行事行为而感觉自我胜任和自我控制,但是从组织的视角出发,内在激励未必总是有益的,因为内在激励更多的是个体聚焦于自身目标而非组织的目标,可能存在受到内在激励的个体之间彼此往往难以合作的现象,是因为这群个体往往都有控制的需求,并且对自身的想法有坚定的信念。正如奥斯特洛和弗雷(Osterloh & Frey,2000)②所说,如果个体仅仅对实现自身目标感兴趣而忽视组织目标,是不会得到组织的重视与支持的。

3.1.3　内在激励与外在激励的区别

从内在激励和外在激励的内涵与作用机制出发,我们不难发现两者存在显著差异。(1)从个体动机分析,在内在激励作用下,个体追求的是胜任感和自我控制;而在外在激励作用下,个体追求的是外部奖励与回报(如物质报酬、人际关系等)。(2)从个体对行为归因判断分析,在内在激励作用下,个体往往认为行为的发生是出于自我选择,是一种自愿(for own sake)且自由(free)的行为,个体完全可以控制行为;而在外在激励作用下,个体往往认为行为的发生是出于外界的压力,该行为是一种非自愿的行为(not for own sake)且不自由(un-free)的行为,个体只是组织的一个"棋子"(DeCharms,

---

①　Ryan R.M.. Psychological needs and the facilitation of integrative processes [J]. *Journal of Personality*,1995,63(3):397-427.

②　Osterloh M.,Frey B.S.. Motivation,knowledge transfer,and organizational forms [J]. *Organization Science*,2000,11(5):538-550.

1968)①。(3)从激励效用发生的时效分析,内在激励发生于个体在履行行为的过程之中,而外在激励发生于个体在完成行为后。(4)从激励的功效分析,内在激励不需要组织监控,个体的行为结果不仅有利于实现组织绩效,而且会使得个体获得幸福感(如自尊、成就感、幸福感和自我效能),但也不排除个体在追求个人目标的同时偏离组织目标的可能性;而外在激励依赖于组织的监控,个体的行为结果有可能促进组织绩效,也可能损害组织绩效,并且个体不会从行为本身获得幸福感。(5)从适用范围分析,个体在从事创新型、内容丰富或有趣的工作时,会具有更多的内在激励,因为这类工作具有挑战性和创造性的特征,能激发出个体更多的工作热情和积极性;而外在激励则更多适用于重复性单调工作,因为该类工作枯燥、乏味且缺乏挑战性,难以对个体产生内在激励,更多依赖于组织的外在激励。

表3-1　内在激励与外在激励的区别

对比项	内在激励	外在激励
个体动机	胜任感和自我控制	外部奖励
行为归因判断	自我选择	外界压力
激励效用的时效	行为的过程之中	行为完成之后
激励的功效	有利于实现组织绩效,会使得个体获得幸福感,有可能使得个体目标偏离于组织目标	可能促进组织绩效也可能损害组织绩效,个体不会从行为本身获得幸福感
适用范围	创新型、内容丰富或有趣的工作	重复性单调工作

① DeCharms R. *Personal Causation: The Internal Affective Determinants of Behavior* [M]. New York: Academic Press, 1968.

3.2 组织激励对知识共享的影响

在知识经济时代,知识代替了劳动、资本和自然资源,成为组织最重要的战略资源;知识的产生、转移和运用被认为是组织持续竞争力的根源。而这种组织资源观的转变直接引发了组织管理重心的转移,即由传统的、有形资源的管理转移至对无形知识资源的管理。从组织知识理论的角度分析,组织被视为一组由异质知识构成的资源集合,鉴于获取外部知识的困难、成本以及随机性风险,知识往往难以通过外部市场获得,因而有效地管理和利用内部知识对构建组织竞争优势就显得尤为重要①。如果说,雇员的角色更多在于知识创造(knowledge creation),那么组织的角色更多的在于应用知识(knowledge application)②③④,即组织的能力更多地取决于其整合雇员知识的协作机制,而这种协作机制的终极目标正是为了实现组织内部的知识共享。

然而,知识共享并非是一个简单的研究主题。个体在组织内部广泛地参与知识共享,更多的是组织对个体的期望行为而非个体的

---

① Szulanski G.. Exploring internal stickiness: Impediments to the transfer of best practice within the firm [J]. *Strategic Management Journal*, 1996, 17(Winter Special Issue):27-43.

② Barney J.. Firm resources and sustained competitive advantage [J]. *Journal of Management*, 1991, 17(1):99-120.

③ Grant R M.. Prospering in dynamically-competitive environments: organizational capability as knowledge integration [J]. *Organization Science*, 1996(a), 7(4):375-387.

④ Grant R.M.. Toward a knowledge-based theory of the firm [J]. *Strategic Management Journal*, 1996(b), 17(Winter Special Issue):109-122.

现实行为。达文波特和普鲁萨克(Davenport & Prusak，1998)认为
知识共享行为并非个体自愿产生,恰恰相反的是个体有匿藏知识和
抵触他人知识的天性。①一份来自对 431 家美国和欧洲组织的调查
表明:组织实施知识管理实践最大的困难在于改变个体的行为,②
知识共享不可能通过强制(force)的方式得以实现,而应依赖于组织
对个体的鼓励(encourage)。③组织与其命令个体知识共享,不如通
过有效的激励机制来促进个体知识共享的意愿,进而促成个体知识
共享的行为。④

　　卡布雷拉(Cabrera et al.，2002)⑤等人提出了解决知识共享中
的社会困境的三种途径:重构对组织成员的知识贡献进行奖励的支
付机制;增强组织成员对自己知识贡献行为功效的感知;促使更多
的雇员形成贡献知识的群体认同与个体责任感。奥斯特洛和弗罗
斯特(Osterloh & Frost，2003)⑥引入公共选择理论,分析了交易成
本理论和基于知识的企业理论是如何克服社会困境的,并综合了两

　　① Davenport T. H.，Prusak L. *Working knowledge: How Organizations Manage What They Know* [M]. Boston: Harvard Business Press，1998.

　　② Ruggles R.. The State of Notion: Knowledge Management in Practice [J]. *California Management Review*，1998，40(3):80-89.

　　③ Gibbert M.，Krause H.. Practice Exchange in a Best Practice Marketplace [A]. In Davenport T.H.，Probst G.J.B..(Eds). *Knowledge Management Case Book: Siemens Best Practices* [C]: 89-105. Germany，Erlangen: Publicis Corporate Publishing，2002.

　　④ Bock G.W.，Kim Y.G.. Breaking the myths of rewards: an exploratory study of attitudes about knowledge sharing [J]. *Information Resources Management Journal*，2002，15(2):14-21.

　　⑤ Cabrera A.，Cabrera E.F.. Knowledge-sharing dilemmas [J]. *Organization Studies*，2002，23(5):687-710.

　　⑥ Osterloh M.，Frost J.. Solving social dilemmas: the dynamics of motivation in the theory of the firm [R]. University of Zurich working paper，2003.

种理论的研究成果,提出了基于动机的企业理论,其核心观点之一就是企业必须针对不同的员工特征提供外在激励和内在激励的组合,从而克服知识共享中的社会困境。卡布雷拉等人的解决方案事实上已经涉及外在激励和内在激励对组织成员的共同作用,而奥斯特洛和弗罗斯特引入了主流企业理论(此处指交易成本理论)对社会困境的研究。事实上,奥斯特洛和弗罗斯特(Osterloh & Frost,2003)的研究是以奥斯特洛和弗雷(Osterloh & Frey, 2000)①的研究为基础进行的。在 2000 年的研究中,奥斯特洛和弗雷讨论了知识转移过程中的外生激励与内生激励,以及知识转移过程中存在的"拥挤效应"(crowding effect)。他们重点讨论了针对不同属性的知识(隐性知识和显性知识)组织该选择何种激励方式以促进知识的转移。本节着重考察外在激励和内在激励对知识共享的不同影响机制。

3.2.1　组织激励对知识共享作用路径的一般框架

在探索个体知识共享行为发生机制的研究中,理性行为理论(TRA)是广受青睐的基础理论工具之一。基于 TRA,个体的知识共享态度和主观规范决定了个体的知识共享意愿,而个体的知识共享意愿进一步决定了个体知识共享行为是否会现实发生。

本章研究同时还选用了社会交换理论②③,该理论最早可以追

---

①　Osterloh M., Frey B.S.. Motivation, knowledge transfer, and organizational forms [J]. *Organization Science*, 2000, 11(5):538-550.

②　Malinowski B.. 1922 Argonauts of the western Pacific: an account of native enterprise and adventure in the archipelagoes of Melansian New Guinea. London: Routledge M., Simon. 1958, Organizations. New York: Wiley.

③　Mauss M.. *The Gift: Form and Functions of Exchange in Archaic Societies* [M]. New York: The Norton Library, 1925.

溯到 20 世纪 20 年代,被认为是人类学①②、社会心理学③④和社会学⑤的研究内容。该理论以个人为研究主体,认为"人与人之间所有的接触都以给予和回报等值这一图式为基础",人类的社会交往即一种相互交换的过程,并在此基础上建立了一个以价值、最优原则、投资、奖励、代价、公平和正义等基本研究范畴和概念为核心的理论体系(解丹琪,2004)⑥。该理论将个人和集体行动者间的社会过程视为有价值的资源交换过程。对这一交换过程的分析,有助于对社会结构的了解。社会学家们通过对功利主义假设的借用、修正和否定,形成并发展了社会交换理论(乔纳森,2001)⑦。

霍曼斯(Homans,1961)⑧把社会行为视为"一种至少在两个人之间交换活动,无论这种活动是有形或无形的,是多少有报酬的或是有代价的",提出了著名的社会交换理论。而后布劳吸收、借鉴了霍曼斯的思想,在 1964 年出版了《社会生活中的交换与权力》一书,成为了社会交换理论的又一代表人物⑨。

---

① Firth R.. *Themes in Economic Anthropology* [M]. London: Tavistock, 1967.

② Sahlins. *Store Age Economics* [M]. New York: Aldine, 1972.

③ Gouldner A. W.. The norm of reciprocity: a preliminary statement [J]. *American Sociological Review*, 1960, 25(2):161-178.

④ Homans G.C.. Social behavior as exchange [J]. *American Journal of Sociology*, 1958, 63(6):597-606.

⑤ Blau P. M.. *Exchange and Power in Social Life* [M]. New York: Transaction Publishers, 1964.

⑥ 解丹琪.用社会交换理论完善企业激励机制[J].现代经济探讨,2004,5:32-43.

⑦ 乔纳森·特纳著,邱泽奇译.社会学理论的结构(上)[M].北京:华夏出版社,2001.

⑧ Homans G.C.. *Social Behavior: Its Elementary Forms* [M]. New York: Harcout Brace & World, 1961.

⑨ Blau P M.. *Exchange and Power in Social Life* [M]. New York: Transaction Publishers, 1964.

尽管霍曼斯和布劳在阐述交换理论时存在着种种差异,但他们所创立的社会交换观点都以他们共同的基本命题为基础,即:从心理学和经济学衍生出来的一组描述个体行为和行为动机的普通心理学命题,以及由人类学的互惠性原则派生出的相互性命题。[1,2]具体而言,社会交换是存在于人际关系中的社会心理、社会行为方面的交换,其核心是"互惠原则"。这里的报酬与成本并不限于物质财富一成本,可能是体力上的与时间上的消耗,放弃享受,忍受惩罚和精神压力等,报酬也可能是心理财富(如精神上的奖励、享受或安慰等)与社会财富(如获得身份、地位与声望等)。周建武(2007)[3]认为,概括起来,社会交换理论可以用一个公式来表明:报酬(reward)-代价(cost)=后果(outcome)。如果双方所得到的后果都是负向的,彼此之间的关系将会出现问题。

基于此,本节拟选取 TRA 和社会交换理论作为诠释"组织激励对个体知识共享作用路径"的基础理论。

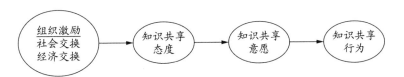

图 3-1　组织激励对个体知识共享的作用路径

① Homans G.C.. *Social Behavior: Its Elementary Forms* [M]. New York: Harcout Brace & World,1961.

② Blau P. M.. *Exchange and Power in Social Life* [M]. New York: Transaction Publishers,1964.

③ 周建武.基于社会交换理论的知识型员工激励研究[J].商业现代化,2007, 10:248-249.

3.2.2 外在激励与知识共享

1. 物质激励与知识共享

作为组织常用的激励手段之一,物质激励备受组织青睐。巴托尔和洛克(Bartol & Locke,2000)认为,物质激励在很多方面有利于激励个体从事组织期望的行为。①实践中,诸多组织也采用了物质奖励系统以鼓励个体参与知识共享,例如:巴克曼的绩效考核指标在于评估员工的知识共享行为等。②但与此同时,来自理论界的研究成果却提出了相反的观点。博克和基姆、博克等人,以及林等学者的研究表明物质奖励对个体的知识共享意愿有消极作用,物质奖励不仅不会促进个体知识共享的意愿,反而会阻碍个体知识共享行为的发生。③④⑤那么物质激励到底是促进还是阻碍个体知识共享行为的发生? 物质激励在作用于个体行为的意愿过程中会不会受到其他因素的干扰? 为了解答这些问题,本节做了四个相关的实证研究,从激励视角出发,旨在重新审视组织的物质激励与个体间知识共享的内在逻辑关系。

---

① Bartol K.M., Locke E.A.. Incentives and motivation [A]. In Rynes S., Gerhardt B.(Eds). *Compensation in Organization: Progress and Prospects* [C]: 104-147. San Francisco: Lexington, 2000.

② Pan S.L., Scarbrough H.. A socio-technical view of knowledge sharing at Buckman Laboratories [J]. *Journal of Knowledge Management*, 1998, 2(1):55-66.

③ Bock G.W., Kim Y.G.. Breaking the myths of rewards: an exploratory study of attitudes about knowledge sharing [J]. *Information Resources Management Journal* (IRMJ), 2002, 15(2):14-21.

④ Bock G.W., Zmud R.W., Kim Y.G. et al.. Behavioral intention formation in knowledge sharing: examining the roles of extrinsic motivators, social-psychological forces, and organizational climate [J]. *MIS Quarterly*, 2005, 29(1):87-111.

⑤ Lin H.F.. Effects of extrinsic and intrinsic motivation on employee knowledge sharing intentions [J]. *Journal of Information Science*, 2007, 33(2):135-149.

（1）实证研究 1——经济交换与知识共享。

根据本章提到的社会交换理论,我们的第一个实证研究选用了经济交换和知识共享两个概念。如果员工—组织关系表现为一个纯经济交换关系,要通过纯经济关系的激励取得效果,最重要的前提就是可以精确地测量绩效,并可以根据绩效发放报酬,在知识共享中,为绩效而支付意味着企业必须对知识共享的效率进行评估,并对每个员工在进行知识共享时所付出的努力和成效进行评估,从而对其予以正式奖励。但是实际困难在于,知识共享的成效和效率本身就是难以衡量的,企业很难形成一个对员工的知识贡献做出客观、合理、精确的评价的机制。卡普兰和丽贝卡（Kaplan & Rebecca,2005）①在讨论组织的创新时也明确指出,创新是个系统工程,企业无法对创新的成效做出准确评价。正是由于这种绩效的无法测量性,经济交换关系不能很好地促进员工的知识共享。由此有了以下假设:假设经济交换不能促进组织内个体私人知识共享。在这个实证研究中,一共选取了 405 个有效样本,运用结构方程进行了检验,最终得出的结论是经济交换不但不能促进组织内个体私人知识的共享,反而阻碍了知识共享。

（2）实证研究 2——物质激励与知识共享。

根据 TRA 理论,我们选取了物质激励和知识共享意愿及知识共享行为这三个概念。鉴于当前研究对"物质激励如何作用于个体知识共享"的观点并不统一,我们重新审视了物质激励对知识共享的效用机理。从物质激励本身出发,不难发现:个体之所以会产生

---

① Kaplan S., Henderson R.. Inertia and incentives: bridging organizational economics and organizational theory [J]. *Organization Science*,2005,16(5):509-521.

组织期望的行为,其目标在于获取组织的物质奖励。[1][2]也就是说,物质激励生效的原因是满足了个体对物质奖励的间接需求,但物质激励并不能直接改变个体对行为本身的态度。从另一种视角分析:当组织采用物质激励引导个体从事组织期望的行为时,个体能明显感觉到组织对自身进行知识共享行为的鼓励,并且清楚地知道组织会对其知识共享行为的表现予以评价,而评价结果的好坏直接决定了个体从组织获得物质奖励的多少。由此可见,组织的物质激励对个体的行为有告知(inform)或暗示(imply)效应,[3]是组织赋予个体的一种外界影响力(或压力),会直接作用于个体对知识共享主观规范的认知。通过物质奖励,组织可以让员工明晰地感知到其应该将自身的知识与其他同事共享,知识共享是一种组织倡导的行为。由此推断,如果员工相信他们能接收到组织对其知识共享行为的物质奖励,那么他们会产生更为积极的知识共享主观规范。而个体知识共享的主观规范又会直接影响个体知识共享的态度(详见假设4),因此,我们认为:探讨物质激励与个体知识共享的态度之间的关系仅是表层现象,物质激励实质上影响了个体对知识共享的主观规范,而知识共享的主观规范又对知识共享态度发生直接作用。换言之,知识共享的主观规范在物质激励影响知识共享态度中起着中介

① Vallerand R. J.. Deci and Ryan's self-determination theory: a view from the hierarchical model of intrinsic and extrinsic motivation [J]. *Psychological Inquiry*, 2000, 11(4): 312-318.

② Kowal J., Fortier M. S.. Motivational determinants of flow: contributions from self-determination theory [J]. *The Journal of Social Psychology*, 1999, 139 (3): 355-368.

③ Kohn A.. Why incentive plans cannot work [J]. *Harvard Business Review*, 1993, 71(5): 54-63.

作用。基于上述分析,提出如下假设:

H1:个体的知识共享意愿对知识共享行为有积极的影响。

H2:个体知识共享的态度对知识共享的意愿有积极的影响。

H3:个体知识共享的主观规范对知识共享的意愿有积极的影响。

H4:个体知识共享的主观规范对个体知识共享的态度有积极的影响。

H5:物质激励对个体知识共享的主观规范有积极的影响。

H6:个体知识共享的主观规范在物质激励影响知识共享态度中起着中介作用。

在研究过程中我们搜集了有效问卷 185 份,主要在通信行业的知识工作者当中做问卷调研,并运用层级回归的方式来进行数据的处理,最终的结论是,证实了组织的物质激励之所以生效,是因为物质激励对个体的行为有告知(inform)或暗示(imply)效应,通过物质奖励,组织可以让员工清楚地感知到知识共享是一种组织倡导的行为。然而物质激励虽然可以满足个体对金钱等的物质需求,却并不能直接改变个体对知识共享的态度。换言之,使得员工满足的是物质,而非知识共享行为本身,这种满足感是独立于共享行为之外的。用考尔德的观点解释:物质激励只是确保了个体的临时性服从(temporary compliance)。①当物质激励消失时,个体有可能又会恢复到原来的行为习惯。我们的研究也从侧面印证了为什么有时物质激励与个体知识共享态度之间会存在不相关或负相关的关系。

---

① Calder B.J., Staw B.M.. The self-perception of intrinsic and extrinsic motivation [J]. *Journal of Personality and Social Psychology*, 1975, 31(4):599-605.

（3）实证研究 3——正式激励与知识共享。

同样,跟随着社会交换理论,我们考察了正式激励与知识共享的关系。这里的正式激励就是指纯粹的物质激励。我们认为,知识共享通常在非正式场合进行,而这很难纳入到正常的考核之中。因此,实行知识共享的纯经济激励机制会导致员工偏向于显性知识转移并会削减其在非正式场合的知识共享行为,这就产生了激励扭曲问题(Baker,2002)①。假设 1a:正式激励对组织内个体私人知识共享有着反向的影响作用。在这个研究中,同样使用了问卷调查的方式,通过数据分析,我们得出的结论是正式激励的确与组织内个体私人知识共享显著负相关。

（4）实证研究 4——产权激励与知识共享。

在物质激励中,之前的三个研究主要是探讨了报酬激励,得出的结论是物质激励或者纯经济的交换方式反而会阻碍知识的共享。短期的报酬激励固然是物质激励的一种,在管理实践中,产权激励作为另一个形式的物质激励方式,也渐渐被更多地使用。我们的另一个研究是采用概率方法构造了描述知识型员工知识共享行为的运动方程,讨论了其知识共享的影响因素,通过对影响因素的分析,研究了知识共享的相关激励机制。在引入企业知识共享结构概念的基础上,采用概率方法建立了企业知识共享的运动方程,基于方程定态解讨论了企业知识共享的有序结构及其影响因素,并进一步讨论了企业的激励机制。分析表明,企业知识共享的有序结构决定于员工知识共享的净效用和从众心理,有序结构的影响因素有企业

---

① Baker, George, Robert et al. Relational contracts and the theory of the firm [J]. *Quarterly Journal of Economics*, 2002, 117(1):39-84.

激励机制、员工共享偏好、员工知识共享量、员工从众心理、共享成本和搭便车收益等。分析还表明,企业一方应采用报酬激励与知识资本产权激励等机制激励员工进行知识共享,其中知识资本产权激励能更有效地激励知识共享行为。

2. 非物质激励与知识共享

组织提供的物质奖酬通常被认为是一种激励个体执行组织期望行为的有效工具。从社会经济学的观点(socio-economic)来看,个体总是倾向于选择自我效用最大化的行为。当个体认为其获得的收益大于成本时,知识共享才有可能发生(Kelly & Thibaut,1978)①。但是,在对前人研究的回顾中,我们注意到,在以往学者的相关研究中,较少关心纯经济激励对知识共享的影响,他们在研究中都承认组织物质激励对知识共享的影响,但是并没有更深入地探讨,他们的注意力主要还是放在信任、柔性等非经济交换方面。而且奥斯特洛和弗雷(Osterloh & Frey,2000)②甚至还指出,在组织内部,当隐性知识必须进行转移的时候,不恰当的外生激励中存在的挤出效应(crowding-out effect)会削弱个体进行隐性知识转移的内生动机,即物质激励在知识共享过程中可能起到反作用。

林(Lin,2007)③的研究发现,预期的物质奖酬并没有促进知识共享,他给出的解释是:研究的样本中 67% 的被测试者是企业的高

① Kelly H.H., Thibaut J.W.. *Interpersonal Relations: A Theory of Interdependence* [M]. Wiley, New York, 1978.

② Osterloh M., Frey B.S.. Motivation, knowledge transfer, and organizational forms [J]. *Organization Science*, 2000, 11(5):538-550.

③ Lin H. F.. Knowledge sharing and firm innovation capability: an empirical study [J]. *International Journal of Manpower*, 2007, 28(3/4):315-332.

管,他们可能并不看重企业的物质激励,而更多地受到其他因素的激励。艾森伯格和卡梅伦(Eisenberger & Cameron,1996)①认为,任务导向的外在奖励会对内生激励产生消极的影响。苏兰斯琪(Szulanski,1996)②的实证研究也指出,激励因素对知识转移没有作用。而博克和基姆(Bock & Kim,2002)③甚至发现,期望报酬对个体知识共享意向呈现负相关作用。博克等人(Bock et al.,2005)④通过对 27 家韩国企业的调研,结果也表明预期的外生激励(金钱激励)与知识共享的态度显著负相关。休伯(Huber,2001)⑤认为,在员工相信知识共享会使他们不能明显地优于其他同事从而影响到他们的个人成就时,组织基于经济交换的绩效考核和薪酬体系则会阻碍知识共享的发生。单韩雪(2003)⑥也指出,薪酬的奖惩的运用只会增加人们对知识共享技术的使用,但不会对知识共享本身起激励作用。

因此,很多国内外的学者,从各个方面考察了非物质激励对知

---

① Eisenberger R., Cameron J.. Detrimental effects of reward: Reality or myth? [J]. *American psychologist*, 1996, 51(11):1153-1166.

② Szulanski G.. Exploring internal stickiness: Impediments to the transfer of best practice within the firm [J]. *Strategic Management Journal*, 1996, 17(Winter Special Issue):27-43.

③ Bock G.W., Kim Y.G.. Breaking the myths of rewards: an exploratory study of attitudes about knowledge sharing [J]. *Information Resources Management Journal* (IRMJ), 2002, 15(2):14-21.

④ Bock G.W., Zmud R.W., Kim Y.G. et al. Behavioral intention formation in knowledge sharing: examining the roles of extrinsic motivators, social-psychological forces, and organizational climate [J]. *MIS Quarterly*, 2005, 29(1):87-111.

⑤ Huber G.P.. Transfer of knowledge in knowledge management systems: unexplored issues and suggested studies [J]. *European Journal of Information Systems*, 2001, 10(2):72-79.

⑥ 单韩雪.改善知识共享的组织因素分析[J].企业经济,2003,(1):45-46.

识共享的影响,如林等(Lin et al.,2006)①运用实证研究的方法,认为和谐的同事关系和可观察到的组织支持促进组织中个体的知识共享。魏等(Wei et al.,2007)②在调研了 10 家研发组织的基础上,得出这样的结论,认为人与人之间的关系、信任以及组织的激励措施对个体知识转移有着显著的正面影响。野中郁次郎等人(Nanda et al.,2007)③则认为组织激励措施与知识共享正相关,其中组织规范起着调节作用。丹尼尔和罗布(Daniel & Rob,2004)④则调研了三家不同国家的企业的员工:美国的化工企业、英国的一家银行以及加拿大的一家石油企业,结果表明,人际关系强度影响着有效的知识转移,而信任则在其中起着中介的作用。达文波特和普鲁萨克(Davenport & Prusak,1998)⑤提出团体内分享知识的三种条件,其中第一个条件就是互惠,他们的解释是:公开知识可以从同事那里得到有价值的知识作为回报,他们认为企业中存在一种内部的知识市场,互惠和名声以及无私的心态一起,在这一市场中起着支付机制的作用,企业员工之间、各部门之间的信任关系是该市场顺利

———————

①　Lin L,Kwok L,Pamela T K. Managerial Knowledge Sharing [J]. *Management & Organization Review*,2006,2(1):15-41.

②　Wei J.,Wang T.A.. An empirical research on the factors influencing knowledge transfer from individuals to groups [C]. The 5th International Symposium on Management of Technology,2007.

③　Nanda R.Q.,Paul E.T.,Ediwin A.L.et al. A Multilevel Investigation of the motivational mechanisms underlying knowledge sharing and performance [J]. *Organization Science*,2007,18(1):71-88.

④　Daniel Z.L.,Rob C.. The strength of weak ties you can trust:The mediating role of trust in effective knowledge transfer [J]. *Management Science*,2004,50(11):1477-1490.

⑤　Davenport T.,Prusak L.. *Working Knowledge:How Organization Manage What They Know* [M]. Harvard Business School Press,1998.

运作的必要条件。安德鲁斯和德拉海(Andrews & Delahaye，2000)[1]
认为："信任在知识共享中的重要性甚至超过了正式的合作程序，因
为如果没有信任的存在，知识共享就不可能发生。"瓦格纳和基斯勒
(Wagner & Kiesler，1995)[2]的研究也表明，危急群体(critical
mass)和亲社会行为(prosocial behavior)促进了人们共享知识。

高祥宇等人(2005)[3]、赵慧军(2006)[4]探讨了信任对知识共享
的影响。徐二明等人(2006)[5]探讨了组织因素(组织柔性、管理者
可信行为、组织文化)对知识共享的影响。魏江和王铜安(2006)[6]
主要探讨了非正式激励机制对知识转移过程的影响，正式的激励机
制只是其中的一个待检验假设。

通过上文对以往学者的研究成果的回顾，我们发现，往往信任、
柔性、文化、组织承诺等等非物质方面的因素会影响到组织中个人
的知识共享。或者我们可以这样认为，知识共享是一种利他主义的
行为，而且这种行为并不带有普遍性，所以我们必须判断这种行为
的特征并通过适当的方式来激励它的发生。为了更深入地研究非
物质激励与知识共享的关系，我们做了三个相关的研究。

---

[1] Andrews K.M., Delahaye B.L.. Influences on knowledge processes in organizational learning: The psychosocial filter [J]. *Journal of Management Studies*, 2000, 37(6):797-810.

[2] Wagner C.C., Kiesler D.J, Schmidt J.A.. Assessing the Interpersonal Transaction Cycle: Convergence of Action and Reaction Interpersonal Circumplex Measures [J]. *Journal of Personality & Social Psychology*, 1995, 69(5):938-949.

[3] 高祥宇,卫民堂,李伟.人际信任对知识转移促进作用的研究[J].科研管理, 2005, 26(6):106-114.

[4] 赵慧军.员工的信任结构与知识共享[J].经济管理,2006,28(24):35-40.

[5] 徐二明,郑平,吴欣.影响知识分享的组织因素研究[J].经济管理,2006,28(24):10-16.

[6] 魏江,王铜安.个体,群组,组织间知识转移影响因素的实证研究[J].科学学研究,2006,24(1):91-97.

(1) 实证研究 1——社会交换和知识共享。

陈维政等(2005)①建立了 I-P/S 员工—组织关系模型,即组织用对员工的投入(input)来交换员工的工作绩效(performance)和满意感(satisfaction)。他们在对过去的员工—组织关系实证研究的文献分析后发现,组织投入一般包括经济性投入和非经济性投入,员工回报一般包括任务绩效、组织公民行为和组织承诺。林恩(Lynn, 1998)②的研究结果也充分证明社会交换关系与工作绩效及组织公民行为显著正相关。徐淑英(Tsui, 1997)③从组织的层面来考察员工—组织关系后,认为互相投入型的关系模式因为结合了社会交换和经济交换的内容,在促进员工工作绩效和组织公民行为方面表现最好。

知识共享实际上就具备组织公民行为的特征(柯江林,2006④;谢荷峰,2007⑤)。组织公民行为的研究首先起源于社会心理学家对人类利他行为、助人行为以及自愿性工作行为等的关注。后来组织行为学家在组织中发现了这样的一些员工,他们承担了许多角色外的任务,提高了组织的合作凝聚力与绩效。卡茨(Katz, 1964)⑥、

---

① 陈维政,刘云,吴继红.双向视角的员工组织关系探索[J].中国工业经济,2005,1:107-114.

② Lynn M.S., Kevin B.. Examining Degree of Balance and Level of Obligation in the Employment Relationship: A Social Exchange Approach [J]. *Journal of Organizational Behavior*, 1998, 19:731-744.

③ Tsui A.S., Farh, Jiing-Lih L.. Where guanxi matters [J]. Work & Occupations, 1997, 24(1):56-79.

④ 柯江林,石金涛.驱动员工知识转移的组织社会资本功能探讨[J].科技管理研究,2006, 26(2):144-146.

⑤ 谢荷峰.组织氛围对企业员工间非正式知识分享行为的激励研究[J].研究与发展管理,2007, 19(2):92-99.

⑥ Katz D.. The Motivational Basis of Organizational Behavior [J]. *Behavior Science*, 1964, 9:131-133.

卡茨和卡恩(Katz & Kahn, 1966)①把确保组织的有效运作并提高组织效能的员工行为分为三种：第一种，维持行为，加入并留任于组织中，成员必须被组织吸引，愿意留在组织内为组织工作。第二种，顺从行为，成员必须完成角色内的工作任务，并以可靠的方式完成其所任角色的要求事项，即依照组织规定与要求行事。第三种，主动行为，执行超越角色规范的创新及自发性行为。第一、第二种行为属于组织正式工作描述和岗位职责说明中明确规定的行为，前两种类型的员工行为是保障组织正常运转的基本条件。但是，任何组织的设计都不可能完美无缺，因此组织必须重视第三种行为，即角色外行为，才能有效促进组织目标的实现。依据卡茨(Katz, 1964)的观念，在前人研究的基础上，贝特曼和奥根(Bateman & Organ, 1983)②首次正式提出了组织公民行为(Organizational Citizenship Behavior, OCB)的概念。他们认为，所谓组织公民行为，就是一种有利于组织的角色外行为和姿态，它既非正式角色所强调的，也不是劳动报酬合同所引出的，而是由一系列非正式的合作行为所构成。它是组织员工与工作有关的资助行为，既与正式奖励制度无任何联系，又非角色内所要求的行为，但能从整体上有效地提高组织效能。由于OCB超越了正式角色的要求，管理者一般不易察觉员工是否实施了这类行为，也不易凭奖惩制度使员工实施这类行为。1988年奥根把OCB定义为"一种自愿性质的个人行为，组织内的

---

① Katz D., Kahn R.L.. *The Social Psychology of Organizations* [M]. New York: McCrew-Hill, 1966.

② Bateman T.S., Organ D.W.. Job satisfaction and the good soldier: The relationship between affect and employee citizenship? [J]. *Academy of Management Journal*, 1983, 26:587-595.

正式奖励机制并没有正式的或是直接的认可这种行为,但这种行为在整合后可以促进企业整体的有效运作[1]"。在这种定义的基础上,奥根进一步说明 OCB 是一种亲社会的行为(prosocial behavior),组织公民行为的外延十分广泛,包括认同组织、公私分明等,但其中最重要的一项是帮助行为[2][3]。奥根(Organ,1995)、麦克法林和斯威尼(McFarlin & Sweeney,1992)等人的多项研究表明,组织公民行为能够促使员工自发地做出一些职位说明书中没有明确规定但对企业有利的行为,避免出现员工在工作中缺乏主动性、只简单地完成工作要求、对工作要求以外的事情不热心等现象,提高员工个体的绩效,从而增强企业的竞争能力[4][5]。谢荷峰(2007)[6]在论证知识共享的组织公民行为的时候,认为知识共享完全具有组织公民行为的特征。他认为:(1)知识共享行为是一种无法被正式的激励系统直接和明确确认的行为,它的实施和实际实施的程度,完全依赖于员工个人的自愿性;(2)组织和员工在订立就业合同时,很少有对知识共享行为进行明确的规定或说明,这就意味着共享行为不是工

① Organ D. W.. *Organizational citizenship behavior: The Good Soldier Syndrome* [M]. Lexington, MA: Lexington Books, 1988.

② Podsakoff P. M., Ahearne M., MacKenzie S. B.. Organizational citizenship behavior and the quantity and quality of work group performance [J]. *Journal of Applied Psychology*, 1998, 2:262-270.

③ Graham L., Hogan R.. Social class and tactics: Neighborhood Opposition to Group Homes [J]. *Sociological Quarterly*, 1990, 31(4):513-529.

④ Organ D. W., Lingl A.. Personality, Satisfaction, and Organizational Citizenship Behavior [J]. *Journal of Social Psychology*, 1995, 135(3):339-350.

⑤ McFarlin D. B., Sweeney P. D.. Research notes. Distributive and procedural justice as predictors of satisfaction with personal and organizational outcomes [J]. *Academy of Management Journal*, 1992, 35(3):626-637.

⑥ 谢荷峰.组织氛围对企业员工间非正式知识分享行为的激励研究[J].研究与发展管理,2007,19(2):92-99.

作角色所强制的要求,可以看作是一种角色外的个人选择的行为;
(3)在组织公民行为的研究中,知识共享通常被列为"帮助"行为类。

但组织公民行为的发生并不像表面所展示的那样无私奉献,辉
等(Hui et al.,2000)①的研究发现,组织公民行为具有工具性,也就
是说它有明确的动机。帮助他人的行为虽然不直接获得报酬,但是
代替经济交换的仅仅是社会交换(Bateman & Organ,1983)②。社
会交换是"个人的一种自愿性行动,这种行动的动力是为了获取回
报,而且也确实让人得到回报"(Blau,1964)③。"社会性交换之所
以成为可能,正是因为交易双方的言行都遵循共同的互惠原则"
(Hass & Deseran,1981)④。戴维等(David et al.,1994)⑤通过实
验研究发现了一个有趣的现象也证实了这个理论:当一个知识的寻
求者在组织中被认为是不爱帮助人的(unhelpful),那么互惠和别人
与他的知识共享之间是负相关的,反之则是正相关的。戴维同时指
出,人们共享知识,是因为他们能够得到某些个人利益,这些利益可
能只是一个微笑而已,而且通过实验研究的方法,证实了亲社会的
态度或倾向(prosocial attitudes)与个体知识共享正相关。

---

① Hui C., Lee C.. Moderating effects of organization-based self-esteem on organizational uncertainty: employee response relationships [J]. *Journal of Management*, 2000, 26(2):215-232.

② Bateman T.S., Organ D. W.. Job satisfaction and the good soldier: The relationship between affect and employee citizenship? [J]. *Academy of Management Journal*, 1983, 26:587-595.

③ Blau P. M.. *Exchange and Power in Social Life* [M]. New York: Transaction Publishers, 1964.

④ Hass D.F., Deseran B.. Trust and symbolic exchange [J]. *Social Psychology quarterly*, 1981, 44:3-13.

⑤ David C., Sara K., Lee S.. What's Mine is Ours, or Is It? A Study of Attitudes about Information Sharing [J]. *Information System Research*, 1994, 5:400-421.

因此,我们可以认定:知识拥有者对于共享自己的知识的行为也是有要求的,但这种要求不体现在直接的经济利益上,而是长期的社会利益上。冯·克罗(Von Krogh,2002)①就明确指出,在知识得以共享之前,个体必须明白共享的潜在机会,以及共享活动所涉及的利益。南希(Nancy,2000)②明确指出个体利益是组织成员共享其知识的重要条件。因为个体会对自己得到的利益有回报的行为,所以他们就会对有着社会交换关系的个体或组织提供帮助,表示好感③④⑤。瓦斯克和法拉杰(Wasko & Faraj,2000)⑥用开放式问卷的形式调查了三家网络新闻工作组,调研结果表明他们愿意参与知识共享是因为他们希望建立起一个专业的社区,在这个社区里他们就可以共享最新的想法和创新。而且调查结果还显示,在这个团体里很多人自愿把自己的想法贡献出来,是因为他们很享受这个帮助别人的过程,而且他们也可以得到互惠,即:在这个社区内他们也可以获得别人的帮助。员工—组织关系理论体系也指出,如果雇

①　Von Krogh. The communal resource and information systems [J]. *Journal of Strategic Information Systems*, 2002, 11:85-107.

②　Nancy M. D.. *Common Knowledge: How Companies Thrive on Sharing What They Know* [M]. Harvard University Press, 2000.

③　Malatesta R. M.. Understanding the dynamics of organizational and supervisory commitment using a social exchange framework. Unpublished doctoral dissertation, Wayne State University, Michigan, 1995.

④　Malatesta, Byrne. The impact of formal and inter-actional procedures on organizational outcomes. Paper presented at the 12th annual conference of the Society for Industrial and Organizational Psychology, St. Louis, M.O., 1997.

⑤　Masterson, Lewis, Goldman et al.. Integrating justice and social exchange: The differing effects of fair procedures and treatment on work relationships [J]. *Academy of Management Journal*, 2000, 43:738-748.

⑥　Wasko M.M., Faraj S.. "It is what one does": why people participate and help others in electronic communities of practice [J]. *Journal of Strategic Information System*, 2000, 9(1):155-173.

主着眼长远,努力培养与员工的长期关系,则员工在心理上会对雇主更加忠诚(Tsui,1997)[1]。单韩雪(2003)[2]认为,"对知识的拥有者,下面的知识共享激励因素较为合理。第一,工作的认同感,晋升机会、责任感等。第二,互惠,即人们共享知识是因为希望别人也能跟他共享知识。对知识重构者的知识共享的激励则应着眼于人们渴求知识的根源,如知识工作的挑战性、自主权、晋升机会及成就感等。所以,激励知识员工共享知识的动力更多的来自共享的内在报酬本身。"

博克等(Bock et al.,2005)[3]认为,知识共享天生就是一种人与人之间的行为,所以个体对社会压力的感知(perception of social pressure)在其共享意图中起着决定性的作用。

因此,通过研究我们认为,知识的拥有者若是预期未来能够得到公正的长期的回报,他就会产生共享行为。

假设7(H7):社会交换的员工—组织关系能够促进组织内个体的私人知识共享。

这个研究同样采用了问卷调研的方式,运用结构方程对数据进行了处理,得出结论:社会交换的确能够促进组织内个体的私人知识共享。知识共享不是一蹴而就的事情,是一个长期的行为。杨书成(2006)[4]认为,经济交换重视外部利益和理性的个人主义(如金钱的获得),而社会交换则重视内部激励和互惠(如社会支持),社会

① Tsui A.S., Farh, Jiing-Lih L.. Where guanxi matters [J]. *Work & Occupations*, 1997, 24(1):56-79.

② 单韩雪.改善知识共享的组织因素分析[J].企业经济,2003,(1):45-46.

③ Bock G.W., Zmud R.W., Kim Y.G. et al.. Behavioral intention formation in knowledge sharing: examining the roles of extrinsic motivators, social-psychological forces, and organizational climate [J]. *MIS Quarterly*, 2005, 29(1):87-111.

④ 杨书成.从社会交换理论观点探讨团队成员内隐性知识取得与分享之研究[D].台湾"中央大学",2006.

交换理论根本的前提是人们倾向于与特定的个体建立长期的关系，因为这些个体能够提供给自己更多的心理上的报酬。与经济交换不一样，社会交换意味着更模糊的义务和责任。也就是说，个体会自愿地提供利益给另一方，是因为他期望在未来会有所回报，就算这个回报的时间和内容都不明晰。在长期来看，这种持续的模糊的义务总会在未来得到一个对等的交换，这就是互惠的概念。[①]所以，社会交换的程度很高的时候，承诺和信任就会在交换的主体之间产生[②][③]。因此，对于知识共享这样一种长期的行为，社会交换一定会比经济交换更加能够促进这种行为的发生。

（2）实证研究 2——互惠、助人的愉悦感与知识共享。

在这个研究中，我们没有直接考察互惠、助人的愉悦感对知识共享的直接影响，这两个概念我们是考察了它们在知识的所有权与知识共享中间的调节关系。

达文波特和普鲁萨克（Davenport & Prusak，1998）[④]指出，知识拥有者进行知识共享或者是为了换取某种回报，是一种互利主义；或者有利于自身利益的最大化，通过向他人传授知识提高个人声誉也可能增加晋升的机会；或者是纯粹出于帮助他人的动机，源

---

① Gouldner A. W.. The norm of reciprocity: A preliminary statement [J]. *American Sociological Review*，1960，25(2):161-178.

② Bock G.W.，Kim Y.G.. Breaking the myths of rewards: an exploratory study of attitudes about knowledge sharing [J]. *Information Resources Management Journal* (IRMJ)，2002，15(2):14-21.

③ Liden R.C.，Wayne S.J.，Kraimer M.L. et al.. The dual commitments of contingent workers: An examination of contingents' commitment to the agency and the organization [J]. *Journal of Organizational Behavior*，2003，24:609-625.

④ Davenport T.H.，Prusak L.. *Working knowledge: How Organizations Manage What They Know* [M]. Boston: Harvard Business Press，1998.

自于利他主义,不求回报,希望自身的知识能够得以传承。瓦斯克
和法拉杰(Wasko & Faraj, 2005)①提出,个人可能通过贡献知识而
获得内在奖励,知识深深地嵌入于个体的性格和身份中,因此个体
觉得帮助他人解决挑战性的问题非常有趣,从而愿意贡献自己的
知识。

当个体创造知识而付出了时间和精力时,会让个体感觉到知识
是"我的",由于持有知识会给其带来收益,共享知识会带来成本,个
体倾向于不去共享知识。若共享知识可能带来的激励效果(不管是
外生的还是内生的)不足以弥补其付出的成本时,个体就会选择保
护自己的知识而不会选择共享。而当技术特征和组织环境能够降
低知识共享的心理成本时,共享意愿会得到提高。助人愉悦感可以
提供内在的激励,通过提高共享知识所带来的收益,即帮助他人获
得的快乐,来提高个体的知识共享意愿。

助人愉悦感指个体行为的动机旨在帮助他人,是一种无条件
的、自己主动承担责任的行为。前面的讨论提出,当与他人共享知
识的过程中能够得到快乐,个人会选择分享。因此,在个体感知到
知识是属于自己的情况下,如果个体的内生激励越强,具体来说,其
助人愉悦感的程度越高,在知识共享的过程中,更能够从中获得满
足感和快乐,从而促进其共享知识。瓦斯克和法拉杰(Wasko &
Faraj, 2000)的研究指出,人们参与社会实践团体并帮助他人是因
为参与的过程很快乐,帮助他人很享受,并能带来满足感。通过共
享自己拥有的知识可以让个体觉得被需要,被欣赏。如果在一种环

① Wasko M. M., Faraj S.. Why should I share? examining social capital and knowledge contribution in electronic networks of practice [J]. *MIS Quarterly*, 2005, 29(1):35-57.

境中,缺乏强烈的组织所有权规范,即个体认为知识属于自身,那么个体可能会由于助人愉悦感所带来的满足以及由此带来的自身价值的体现而选择共享。

基于皮尔斯等人(Pierce et al., 2001)[①]的猜测,某些个性特征会在心理感知的所有权带来的影响过程中起作用,我们认为助人愉悦感在个人所有权与知识共享意愿的关系中起着调节作用(当个人共享知识时感知到的助人愉悦感越高,个人所有权与知识共享意愿的负向关系会减弱,即个体即使认为共享属于自己的知识会降低其在组织中的地位和权利,并带来丧失控制权的风险,但是由于其在此过程中感知到满足感和快乐,就会降低其对知识共享负面影响的感知,降低其对成本的感知,从而促进知识共享的意愿提高)。由此,我们得出研究假设:

H8:助人愉悦感在感知的知识个人所有权和知识共享意愿之间起负向调节作用,助人愉悦感越高,感知的知识个人所有权与知识共享意愿的负向关系越弱。

卡布雷拉等人(Cabrera & Cabrera, 2002)[②]的研究指出,知识作为一种公共品,由于其使用并不仅仅局限于贡献者,在这种情形下,个体的最优策略就是"搭便车",也就是不对其供应做出贡献而享受其好处。这时候,困境就产生了:如果个体都根据最优策略而"理性地"行动,就没人合作了,而最终每个人都得忍受这样的结果。特别当个体感知到强烈的个人所有权时,更加会保护自己的知识,

① Pierce J.L., Kostova T., Dirks K.T.. Toward a theory of psychological ownership in organizations [J]. *Academy of Management Review*, 2001, 26(2):298-310.

② Cabrera A., Cabrera E.F.. Knowledge-sharing dilemmas [J]. *Organization Studies*, 2002, 23(5):687-710.

阻碍了知识的交流与共享。但是,如果能够保证其他人都会对其享用付出努力,那么大部分人都会选择贡献。而互惠关系能够提供这样一种预期,即我与他人共享知识之后,其他人也会同样地在我需要的时候帮助我,共享他的知识。

康斯坦特(Constant,1994)[①]认为,社会交换关系是影响主体态度的决定性因素。与经济交换不同,社会交换基于交换主体之间的关系、友谊、不明确的义务责任等。参与社会交换的主体关心的是彼此关系的改进,而非任何外在的物质激励。因此,如果个体认为通过知识共享可以改进彼此间的互动关系,那么他们就会有更为积极的知识共享态度。

环境不同,影响共享态度的因素也会不同,凯利和蒂博(Kelly & Thibaut,1978)[②]的交互理论(interdependence theory)区分了两种情景,一是个体独立行动,另外一种是个体受到社会和组织情境的影响。第一种情况下,个体的行动受到自利的影响,后者则会为了未来,更多地考虑到与他人的关系等因素。在组织内部,知识共享显然属于后面一种情况,是一种社会交互过程,因此个体的行为会考虑更多因素,如互惠关系的预期。

乌西和兰喀斯特(Uzzi & Lancaster,2003)[③]的研究发现,嵌入型关系可靠而频繁地促进私有信息的流动,而一般关系则频繁地促

---

① Constant D., Kiesler S., Sproull L.. What's mine is ours, or is it? a study of attitudes about information sharing [J]. *Information Systems Research*, 1994, 5(4): 400-421.

② Kelly H.H., Thibaut J W.. *Interpersonal Relations: A Theory of Interdependence* [M]. Wiley, New York, 1978.

③ Uzzi B., Lancaster R.. The role of relationships in interfirm knowledge transfer and learning: The case of corporate debt markets [J]. *Management Science*, 2003, 49(4):383-399.

进公共信息的流动。通过访谈结果还发现了其内在的机制,嵌入型关系产生了合作的预期、信任以及不断的互惠交换。因此,嵌入型关系被认为可以促进私有知识的转移,因为其带来的信任和互惠的预期都降低了知识贡献者面临的风险,提供了转移是利于双方的保证。因此,互惠关系的预期降低了共享个人知识的成本,提供了激励来促进个体之间的知识共享。即,当预期的互惠关系越强时,个体所有权对知识共享意愿的负向影响越弱,因为互惠关系带来的未来收益降低了共享的成本。由此,得出研究的另外一个假设:

H9:互惠关系在感知的知识个人所有权和知识共享意愿之间起负向调节作用,互惠关系越强,感知的知识个人所有权与知识共享意愿的负向关系越弱。

这个研究同样是采用了问卷调研的方式,通过对 663 份有效样本的分析得出,助人的愉悦感的调节作用没有能够得到验证,而互惠的调节作用则得到了很好的验证。

3.2.3　内在激励与知识共享

现代经济学认为,企业与员工之间的雇佣关系的本质是一种契约关系,基于契约的激励是最基本的激励机制(Paul & John,2004)①。激励契约是由激励主体与激励对象双方根据自己效用最优化的原则,经过谈判、协商而确定的,该契约不但被双方接受、共同认可,而且具有一定的法律或制度保证,对双方都有约束力。但是,并非只有基于契约的激励才是唯一的激励源泉,例如声誉激励

①　Paul M, John R.. 经济学、组织与管理[M].费方域主译.北京:经济科学出版社,2004.

虽然没有契约安排,但市场创造了激励;再比如晋升激励虽然具有契约属性,但却依赖于企业的决定,并非依赖于双方的谈判或协商。

事实上,由于外在激励强调的是与行为相联系的结果,如工资报酬、劳动条件、劳动福利等外在条件,这些因素很容易通过契约安排而得到满足。而内在激励是指由于个人曾有过与某种行为本身有关的愉快经历,如工作本身的兴趣、成就感,以及自我价值的实现等,这些因素较难完全通过契约得到安排和实现。

对于知识型员工而言,其需求主要集中在尊重和自我实现等较高层次上,更关注内在激励因素的满足,如他们热衷于富有挑战性的工作,并把它作为一种乐趣,一种实现自我的方式。由于内在激励因素很难在契约中得到完全体现,相应的内在激励措施也就很难通过契约形式得到实施,而必须超越契约形式来设计相应的激励机制,即设计超契约的激励机制。在本节我们将针对上述"工作激励"的内在激励因素,研究知识型员工知识共享行为的工作激励机制。

随着自动化技术的发展和人类物质生活水平的提高,工作设计从满足工作自身的逻辑向着满足人类需要的逻辑发展,与此同时,人们更加关注工作本身的内在激励作用,希望通过良好的工作设计提供有效的内在激励,而不是仅仅依靠报酬等外在因素来激励员工(Ferris et al., 1999)[①]。与传统员工相比,知识型员工更关注工作自主权、自我实现、自我提高,以及工作的灵活性和绩效考核的合理性等。因此,企业更需要通过工作设计,以及利用工作自身的内在激励因素让知识型员工获得成就感,满足他们自我实现的需求,从

---

① Ferris G.R., Hochwarter W.A., Buckley M.R. et al.. Human resources management: Some new directions [J]. *Journal of management*, 1999, 25(3):385-415.

而达到激励其知识共享行为的目的。

对于工作本身激励的研究,学者们最初主要从提高员工绩效的角度对工作设计与报酬激励机制展开研究,并认为员工是工作规避的,企业需提供激励以诱导员工努力工作,如霍姆斯特龙和米尔格罗姆等人(Holmstrom & Milgrom,1991)①利用多任务的委托代理模型对专业化分工和工种设计进行了研究,认为这两种工作设计方式能够优化报酬激励机制,降低成本,提高效率。加伦(Garen,1999)②则从监督与工会影响的角度讨论了工作设计对报酬激励机制的影响;另外,贝克和哈伯德(Baker & Hubbard,2002)③从产权激励的角度讨论了卡车司机的工作设计,而泰瓦兰简和约瑟夫(Thevaranjan & Joseph,1999)④则讨论了销售人员的工作设计与报酬激励机制。这些研究讨论了工作设计与报酬激励机制间的关系,却忽略了工作本身的内在激励作用。另一部分学者认为人们并非是完全工作规避的,内容丰富、范围广泛、具有挑战性的工作本身就能产生激励作用,从组织行为学的角度探讨工作激励与报酬激励的关系,如拉达克里希南和罗南(Radhakrishnan & Ronen,1999)⑤

---

① Holmstrom B., Milgrom P.. Multitask principal-agent analyses: Incentive contracts, asset ownership, and job design [J]. *Journal of Law, Economics, & Organization*, 1991:24-52.

② Garen J.. Unions, Incentive systems, and job design [J]. *Journal of Labor Research*, 1999, 20(4):589-604.

③ Baker G.P., Hubbard T.N.. Make versus buy in trucking: Asset ownership, job design and information [R]. *National Bureau of Economic Research*, 2002.

④ Thevaranjan A., Joseph K.. Incentives and Job Redesign: The Case of the Personal Selling Function [J]. *Managerial and Decision Economics*, 1999(20):205-216.

⑤ Radhakrishnan S., Ronen J.. Job challenge as a motivator in a principal-agent setting[J]. *European Journal of Operational Research*, 1999, 115(1):138-157.

利用委托代理理论设计了一个分析框架,对工作的内在激励作用进行了经济学定量分析,认为挑战性工作对报酬激励具有替代效用,能够优化报酬激励机制的风险分担以及披露更多员工努力水平的信息;迪克西特(Dixit,2002)[1]则基于公共部门中工作与员工的特点,讨论了其报酬激励机制的特征。但这些研究却未曾对工作设计进行讨论。国内学者主要是针对知识经济环境下的知识工作,定性地分析工作的内在激励因素与激励效用,从管理激励的角度提出一些原则性意见(汪卫东,2002[2];邝宁华,胡奇英,2004[3]),缺少相应激励机制的探讨;肖条军则对团队形式的R&D工作的报酬激励机制进行了研究(肖条军,2004)[4],但该研究侧重于对报酬激励机制的分析,未曾对工作设计进行讨论。

那么,知识经济背景下,应该如何设计知识工作以满足知识型员工的需求,知识工作的性质对报酬激励机制存在何种影响,工作设计与报酬激励机制之间的关系如何呢? 下面,我们首先从系统性、授权度与自由度等维度讨论知识工作设计,提出知识型员工的工作设计原则与方法;然后摒弃员工是工作规避的观点,基于工作与报酬的双重激励效用,建立委托代理模型分析工作性质对报酬激励机制的影响,以及知识工作设计与报酬激励机制间的关系,深入探讨工作激励与报酬激励如何相互作用共同激励知识共享行为。

---

[1]　Dixit A.. Incentives and organizations in the public sector: an interpretative review[J]. *Journal of Human Resources*, 2002:696-727.

[2]　汪卫东.知识型员工的工作设计与激励[J].科学学与科学技术管理,2002(11):58-62.

[3]　邝宁华,胡奇英,杜荣.知识型企业的"引导—服务—激励型"管理模式[J].管理科学学报,2004,7(5):91-99.

[4]　肖条军.博弈论及其应用[M].上海:上海三联书店,2004.

1. 知识工作设计

(1) 知识工作的特征。

20世纪70年代开始,消费方式从大众的简单划一的"标准化消费"转向旨在让人性获得全面发展的,"一对一服务"基础上的"个性化消费";同时,大部分简单劳动已经被自动化生产取代,劳动的基本性质从体力支出转变为脑力支出。这些变化使得企业面临的主要任务是要使知识具有生产性,并通过运用和创造知识、满足客户的需求来创造价值;相应地,企业的基本资源也变成了运用知识进行生产的知识型员工。

个性化的消费使得企业面临的环境具有高度的不确定性,进而使工作环境变得不可预见、复杂化、充满变化性;而使知识具有生产性,运用和创造知识进行生产使得工作的流程变得非常规、非线性、不易理解,并为每个问题单独设计。因此,知识工作不再具有明显的规范性,复杂性成为其基本的特征,工作结果则具有不确定性,需要安排具有较宽责任、有适应性、具有反应的"角色"来从事(Pepitone,2004)①。

(2) 知识工作的三维设计。

所谓工作设计,是指将任务和责任结合起来形成一个完整的工作,并形成企业内部工作之间的联系。其中,按照工作本身的逻辑把工作组织起来仅是第一步,更重要的是使工作适应于人——而人的逻辑同工作的逻辑是根本不同的(Drucker,1998)②。

---

① Pepitone J.S..员工绩效顾问——知识型岗位工作设计[M].刘庆林等译,北京:人民邮电出版社,2004.

② Drucker P.F.. The Coming of the new organization [J]. *Harvard Business Review*,1998,66(1):45-55.

对于知识工作而言,流程的非常规性使企业无法做出精确的任务分解,因此要以工作所需要的知识为基础,把相关的任务组合成一个完整的工作系统。在具体的工作设计中,可把割裂开的工作进行组合,形成较大的工作单元,使"工作丰富化";还可把工作设计为团体的任务形式,并授权某个工作小组对这一完整的工作任务负责。这些设计方法,一方面可使工作具有内在的逻辑联系与整体性,提高任务中知识的完整性与技能的多样化,另一方面还可以满足员工对挑战性和成就感的追求,提高员工知识的系统性。工作设计得越具有系统性,工作本身的不可控因素也越多,风险越大;其复杂性越高,结果越不确定,对员工的知识与技能的要求也越高,其成功越依赖于员工的努力方式与程度。同时,对员工的智力要求增加,能使他们的创新能力、判断直觉、分析能力等得到充分发挥,所以工作的激励作用也更大。

另外,复杂性使得任务的有效完成要求组织把权力分散和下放,充分授予知识型员工在面对具体任务时酌情处理和利用关键性资源的权力,实行决策权与知识的匹配。在具体工作设计中,可以把个人或团体看成是负责人的实体,让其自我控制和自我规范,提高工作中的自主权,如自我做出有关工作计划和检查,自我决定具体的工作程序和方法,自我确定工作节奏,自我处理与客户有关的事宜,相应地要设计有关工作的责任要求,增加具体工作人员的工作责任。实行权力与知识的匹配,一方面可以满足知识生产的逻辑,另一方面还可以满足知识型员工的自主性要求和被组织委以重任、赋予责任的成就感等需要。授权度越大,承担的责任越多,员工工作的复杂性就越大,成功与否就越依赖于员工的自主安排与努力;同时,也更能满足员工的自主性要求,使他们能以自己认为有效的方式进行工作,并得到锻炼,感受到进步与成长。

佩皮通(Pepitone, 2004)[①]认为,非规范的知识工作要求员工的行为必须具有适应性和变化性,是一种高自由度的工作;而知识型员工也希望工作场所和时间具有灵活性,要求整个组织具有自由宽松的气氛,抗拒严格规定的工作和控制性的管理行为。在具体工作设计中,可以实行弹性工作制,加大工作时间的可伸缩性和工作地点的灵活性,让员工自我适应、自我管理而不是简单地完成任务,设立目标和要求结果而不是事事监督,满足工作的自由度要求和员工对自由的追求。工作设计得自由度越大,其复杂性与结果的不确定性越大,对适应性和变化性的要求就越高,工作的完成就越依赖于员工的努力;另一方面,行动自由是知识型员工效率的基础[②],增加自由度,减少对行动的各种限制,创造宽松的工作环境将更有利于激励员工创新,释放员工的创造性潜能。

综上所述,我们发现可以通过系统性、授权度、自由度三个维度来设计知识工作,以满足工作的内在逻辑和知识型员工的需要;另外,还可通过这三个维度评价知识工作的复杂性,随着工作的系统性、授权度以及自由度的增加,工作的复杂性与结果的不确定性将增加,工作的完成将更加依赖于员工的决策和努力,相应地工作的激励作用也将增加。

2. 基本假设与模型

基于前人的成果和上述对知识工作与知识型员工特点的分析,下面利用委托代理方法,就工作性质与报酬激励是如何共同影响员

---

①②　Pepitone J.S..员工绩效顾问——知识型岗位工作设计[M].刘庆林等译,北京:人民邮电出版社,2004.

工共享努力的,知识工作设计是如何影响报酬激励机制的,以及最优知识工作设计等问题进行探讨,寻求知识工作设计与报酬激励机制间的作用规律,指导知识共享环境下工作与报酬激励机制的设计。

(1) 基本假设。

假设知识型员工为风险规避者、企业为风险中性者(张维迎,1996)[①]。

设 θ 表示知识工作的复杂性,a 表示员工投入的共享努力,π 表示企业的期望的知识共享产出。企业的知识共享产出受到工作性质、员工共享努力与程度,以及外界随机因素的影响,可设产出函数为:$\pi = ka + \varepsilon$(张维迎,1996)。式中,ε 是均值为零、方差为 σ^2 的正态分布随机变量,代表结果的不确定性;k 表示共享努力与共享产出的关联程度(下面会具体分析)。

设 i 表示系统性,j 表示授权度,m 表示自由度。由上述分析可知,知识工作的复杂性可表示为:$\theta = \theta(i, j, m)$,且有 $\theta'_i > 0$;$\theta'_j > 0$;$\theta'_m > 0$,即三个维度的水平越高,工作的复杂性就越大,其结果也越不确定;共享努力与共享产出的关联程度可表示为:$k = k(\theta)$,且有 $k' > 0$,即越是复杂的工作,其共享产出越依赖于员工的共享努力,但这种递增的速率应该是递减的,即有 $k'' < 0$,否则就可以将知识共享设计成"不可能的任务"(Pepitone,2004)[②]。不确定性结果的方差可表示为:$\sigma^2 = t(\theta)$,且有 $t' > 0$,即随着 θ 的增大,不确定性会增加,并且其递增的速率应该是递增的,即有 $t'' > 0$,

---

① 张维迎.博弈论与信息经济学[M].上海:上海人民出版社,1996.

② Pepitone J.S.. 员工绩效顾问——知识型岗位工作设计[M].刘庆林等译,北京:人民邮电出版社,2004.

意味着不确定性增加的速率越来越大。由此可知,工作设计的三个维度通过参数 k 和 σ^2 对共享产出产生影响。

一般而言,员工在知识共享后会感到满足,对自己价值得到实现时会产生轻松感与自尊感,即共享的结果具有激励效用;另外,员工从实现自身需要的角度对工作的评价与认同,即工作偏好也会影响他们从工作中获得的效用。因此,可设工作的激励效用为:工作偏好×共享产出。设 γ 表示员工的工作偏好,则工作的激励效用可表示为:$u(\theta)=\gamma\pi$。

一般而言,针对员工的共享行为,可设计基本工资加收益分享的报酬模式。设 α 为基本工资,β($0\leqslant\beta\leqslant1$)为共享产出中员工的分享系数,反映企业的报酬激励强度或员工的报酬风险程度,则员工的收益分享可表示为:$\beta\pi$,员工的报酬 s 可表示为:$s=\alpha+\beta\pi$。另外,员工的知识共享具有成本,设为 $C(a)$,通常情况下,共享成本是员工共享努力的严格凸函数,有 $C'>0$,$C''>0$。令 $C''=b(b>0)$,则成本函数为:$C(a)=\dfrac{1}{2}ba^2$。

(2)委托代理模型。

激励研究中员工的效用函数常采用指数形式(Gibbons,2005)[①],假定员工的风险规避度为 ρ,从工作中获得的效用和努力成本可等价为货币表示,则他们的效用函数 U 可表示为:

$$U=-e^{-\rho(s+\gamma\pi-C(a))}=-e^{-\rho(\alpha+(\beta+\gamma)(ka+\varepsilon)-C(a))} \tag{3-1}$$

设 ω 为员工的确定性等价收入,则由确定性等价收入的定义

① Gibbons R.. Incentive between firms(and Within) [J]. *Management Science*, 2005,51(1):2-17.

可知：

$$-e^{-\rho\omega} = E\left[-e^{-\rho(\alpha+(\beta+\gamma)(ka+\varepsilon)-C(a))}\right] \qquad (3\text{-}2)$$

因此，可求得员工的确定性等价收入为：

$$\omega = \alpha + (\beta+\gamma)ka - \frac{1}{2}ba^2 - \frac{1}{2}\rho\,(\beta+\gamma)^2\sigma^2 \qquad (3\text{-}3)$$

对于员工而言，其目标是选择共享行为最大化期望效用，等价于最大化确定性等价收入。

设企业的收益为 v，可得：$v = \pi - s$。企业作为风险中性者，其确定性等价收入为随机收入的均值，即：$Ev = E(\pi-s) = ka(1-\beta) - \alpha$。企业的目标是在满足员工参与约束和激励相容约束的条件下，选择工作设计与报酬机制最大化其期望收益。上述委托代理问题可表示为：

$$\max_{s,\,\theta} Ev = ka(1-\beta) - \alpha \qquad (3\text{-}4)$$

$$\text{s.t.(IR)} \quad \alpha + (\beta+\gamma)ka - \frac{1}{2}ba^2 - \frac{1}{2}\rho(\beta+\gamma)^2\sigma^2 \geqslant \bar{\omega} \quad (3\text{-}5)$$

$$(\text{IC}) \quad a \in \max_{a}\arg\left[\alpha + (\beta+\gamma)ka - \frac{1}{2}ba^2 - \frac{1}{2}\rho(\beta+\gamma)^2\sigma^2\right]$$

$$(3\text{-}6)$$

(3-4)式为企业的期望收益；(3-5)式为员工的参与约束(IR)，式中 $\bar{\omega}$ 为员工的保留工资(即市场价格)；(3-6)式为员工的激励相容约束(IC)。

3. 模型分析

通常情况下，企业处于不对称信息环境下，参与约束和激励相容约束均成立(张维迎，1996)[①]。由式(3-6)可得激励相容约束为：

————————

① 张维迎.博弈论与信息经济学[M].上海：上海人民出版社，1996.

$a = \dfrac{(\beta+\gamma)k}{b}$。则委托代理问题可表示为：

$$\max_{a,\,\alpha,\,\beta,\,\theta} Ev = ka(1-\beta) - \alpha$$

$$\text{s.t.}(\text{IR})\alpha + (\beta+\gamma)ka - \frac{1}{2}ba^2 - \frac{1}{2}\rho(\beta+\gamma)^2\sigma^2 \geqslant \bar{\omega};$$

$$(\text{IC})a = \frac{(\beta+\gamma)k}{b} \tag{3-7}$$

对于企业而言，希望给员工的支付最少，因此，可取参与约束等号成立。(张维迎，1996①)将上述约束条件代入委托人的期望效用得：

$$Ev = \frac{(1+\gamma)(\beta+\gamma)k^2}{b} - \frac{(\beta+\gamma)^2k^2}{2b} - \frac{1}{2}\rho(\beta+\gamma)^2\sigma^2 - \bar{\omega} \tag{3-8}$$

由一阶条件可解得：

$$\beta = \frac{k^2 - b\gamma\rho\sigma^2}{k^2 + b\rho\sigma^2}$$

可得：

$$\frac{\partial\beta}{\partial\theta} = \frac{(1+\gamma)kb\rho(2k'\sigma^2 - kt')}{(k^2 + b\rho\sigma^2)^2}$$

工作性质的一阶条件为：

$$\frac{\partial Ev}{\partial\theta} = (1+\gamma)(k'a + ka') - baa' - \frac{1}{2}\rho[2(\beta+\gamma)\beta'\sigma^2$$

$$+ (\beta+\gamma)^2t'] = 0$$

---

① 张维迎.博弈论与信息经济学[M].上海：上海人民出版社，1996.

由激励相容约束可知,员工的最优行为为:$a = \dfrac{(\beta + \gamma)k}{b}$,即员工的行动不但取决于企业的激励强度,还取决于企业的工作设计与员工的工作偏好,即工作的激励作用会影响员工的努力水平。最优收益分配比例即激励强度为:$\beta = \dfrac{k^2 - b\gamma\rho\sigma^2}{k^2 + b\rho\sigma^2} > 0$ ①,意味着企业要支付给员工风险报酬即收益共享,以诱导员工付出企业希望的共享努力。

由 $\dfrac{\partial\beta}{\partial\theta} = \dfrac{(1 + \gamma)kb\rho(2k'\sigma^2 - kt')}{(k^2 + b\rho\sigma^2)^2}$,可知:$2k'\sigma^2 > kt'$ 时,有 $\partial\beta/\partial\theta > 0$,即随着 θ 的增大,β 增大;$2k'\sigma^2 = kt'$,θ 处于临界值,β 达到极值;$2k'\sigma^2 < kt'$,有 $\partial\beta/\partial\theta < 0$,即随着 θ 的增大,β 将减小;由 $k' > 0$,$k'' < 0$ 和 $t' > 0$,$t'' > 0$,考虑 $2k'\sigma^2 - kt'$ 是 θ 的单调减函数的情形②,此时 β 将随 θ 的增加先增加后减少,且具有最大值。另外,由 $2k'/k = t'/\sigma^2$ 可得,处于临界值时 θ 变化导致的关联度变化两倍于方差变化③,当关联度增加时,努力水平和产出水平都会增加,即关联度变化会产生正效用。而当方差增加时,会增加风险成本,即方差变化产生负效用。由此可知,此时 θ 变化导致的正效用为负效用的一半。

因此,θ 小于临界值时,随着 θ 的增加 β 将增大,意味着随知识

---

① 为确保经济学意义,设 $k^2 - b\rho\sigma^2 > 0$,结合 $0 \leqslant \gamma \leqslant 1$,可得。

② 事实上,$2k'\sigma^2 - kt'$ 对 θ 的单调性取决于 $k(\theta)$ 与 $t(\theta)$ 的具体形式,从经济学意义出发考虑单调减的情况。

③ $2k'\sigma^2 = kt' \rightarrow \dfrac{2k'}{k/\theta} = \dfrac{t'}{\sigma^2/\theta} \rightarrow 2\dfrac{[k(\theta) - k(\theta_0)]/k}{(\theta - \theta_0)/\theta} = \dfrac{[t(\theta) - t(\theta_0)]/\sigma^2}{(\theta - \theta_0)/\theta}$,即关联度对 θ 的弹性两倍于方差对 θ 的弹性,而弹性描述的是一个变量对另外一个变量变动的敏感程度。

工作复杂性水平的增加,企业的报酬激励强度即员工的收益分享与报酬风险将增加。此时 $2k'/k > t'/\sigma^2$,即 θ 增加产生的正效用大于负效用的一半,工作的激励效用对报酬风险的负效用产生了补偿作用(甄朝党、张肖虎和杨桂红,2005)[①],从而增强了员工对报酬风险的抵抗能力,使员工愿意承担更多的报酬风险。θ 等于临界值时,激励强度即收益分享达到最大。θ 大于临界值时,随着工作复杂性水平 θ 的增加,企业的激励强度 β 即员工的收益分享与报酬风险将下降,此时 $2k'/k < t'/\sigma^2$,即 θ 增加产生的正效用小于负效用的一半,负效用比较大;因此,为减少员工的损失,必须通过降低员工的报酬风险来降低员工的风险成本。由上述分析,我们可得结论 1:

结论 1:当知识工作性质变化导致的正效用大于负效用的一半时,知识工作的复杂性增加时要增加报酬激励强度,提高收益分享,但同时也增加了风险成本。当负效用大于两倍的正效用时,复杂性将过高,此时应降低报酬激励强度,以降低风险成本。

由结论 1 可知,设计激励机制时,要依据知识工作的复杂性等性质来确定报酬激励强度。复杂性较低时报酬激励强度应较低,此时增加复杂性导致的正效用较大,相应地可增加报酬激励强度,增加收益分享,提供激励性较强的报酬,但同时也会增加员工的报酬风险。而当工作复杂性已经较高时,再增加复杂性时导致的负效用较大,此时宜降低报酬激励强度,降低收益分享,提供保险性较强的报酬,以降低员工的报酬风险。

---

① 甄朝党,张肖虎,杨桂红.薪酬合约的激励有效性研究:一个理论综述[J].中国工业经济,2005(10):66-72.

由参与约束可知,企业的转移支付为:$s = \overline{w} + \frac{1}{2}ba^2 + \frac{1}{2}\rho(\beta + \gamma)^2\sigma^2 - \gamma ka$。由该式可知,工作的激励效用对报酬激励产生了替代作用,降低了企业的转移支付,节约了企业的财务成本。该式表明,员工的保留工资即市场价格越高,员工的报酬水平将越高,假设市场为竞争性的,则市场价格能反映员工工作的价值,因此,员工工作的价值是其报酬水平的决定因素。另由上式结合 $k^2 - b\rho\sigma^2 > 0$ 的假设,可求得 $\partial\alpha/\partial\beta < 0$,意味着在增加员工收益分享的同时可减少其固定工资,增加报酬结构中的收益分享与固定工资的比值,以增加报酬的激励效用。由此可得结论2:

结论2:员工工作的价值越高,其报酬水平越高。在增加员工收益分享的同时可减少其固定工资,增加报酬结构中的收益分享与固定工资的比值,以体现较强的激励性;反之减少收益分享时宜增加固定工资,以体现较强的保险性。

$\frac{\partial Ev}{\partial\theta} = (1+\gamma)(k'a + ka') - baa' - \frac{1}{2}\rho[2(\beta + \gamma)\beta'\sigma^2 + (\beta + \gamma)^2 t']$ 是企业的共享期望收益对工作性质求偏导,反映了工作性质对企业共享期望收益的影响。由 $k' > 0$,可知 $(1+\gamma)(k'a + ka') = (ka + \gamma ka)'$ 是增加工作复杂性的边际收益,来源于边际产出与工作激励的边际效用,这是因为随着知识工作复杂性的增加,k 和 β 增加,使员工付出更高的共享努力(即 $a' > 0$),从而共享产出增加,同时工作的激励效用能降低企业的转移支付为企业带来收益。由 $t' > 0$,可知:$baa' + \frac{1}{2}\rho[2(\beta + \gamma)\beta'\sigma^2 + (\beta + \gamma)^2 t']$ 是增加工作复杂性的边际成本,来源于边际努力成本与边际风险成本,因为随着努力水平的增加,努力的成本会增加,而随着知识工作复杂性的增加,外界风险导致的成本也会增加。这印证了坎皮恩和麦克莱兰 (Campion & McClelland,1993)[①]关于工作设计带来收益时也存在 成本的实证研究。当 $(1+\gamma)(k'a+ka')=baa'+\frac{1}{2}\rho[2(\beta+\gamma)\beta'\sigma^2 +(\beta+\gamma)^2 t']$,即复杂性变化导致的边际收益等于边际成本时,工 作的复杂性 θ 将处于最优值,即工作设计处于最优水平。由此可得 结论 3:

结论 3:知识工作设计的边际收益来自于复杂性变化导致的边 际产出与工作激励的边际效用,边际成本则来自于复杂性变化导致 的边际努力成本与边际风险成本,边际收益等于边际成本时,知识 工作的复杂性最优,工作设计处于最优水平。

由结论 3 可知,在进行工作设计时,要权衡工作性质改变带来 的边际收益与边际成本。结合结论 1 可知,知识工作的复杂性并非 越大越好,知识工作三个维度的水平不宜设置过高,否则必须通过 降低报酬激励强度来减少成本,工作设计将得不偿失。

本节针对知识经济背景下知识工作与知识型员工的特点,从系 统性、授权度与自由度三个维度讨论了知识工作设计。然后,摒弃 传统的员工是工作规避的观点,考虑工作与报酬的双重激励效用, 利用委托代理方法,就工作性质对报酬激励机制的影响及两者对员 工行为选择的影响,知识工作设计是如何影响报酬激励机制的,知 识型员工工作激励与报酬激励的相互作用关系,以及最优知识工作 设计等问题进行了探讨。

---

① Campion M. A., McClelland C. L.. Follow-up and extension of the interdisci-plinary costs and benefits of enlarged jobs [J]. *Journal of Applied Psychology*, 1993,78(3):339-351.

知识工作设计的分析表明,系统性、授权度以及自由度三个维度的工作设计可满足知识工作的复杂性等性质以及知识型员工的需求特征;随着三个维度水平的增加,工作的复杂性将增加,相应地其风险与激励作用也增加,工作的完成将更加依赖于员工的决策和努力。模型分析表明,员工的行动不但取决于企业的激励强度,还取决于企业的工作设计与员工的工作偏好即工作本身的激励作用。当知识工作性质变化导致的正效用大于负效用的一半时,增加知识工作的复杂性时要增加激励强度,提高效益工资,但同时也增加了风险成本;当负效用大于正效用的两倍时,工作的复杂性将过高,此时应降低激励强度,以降低风险成本。知识型员工工作的价值越高,其报酬水平越高;在增加员工收益分享的同时可减少其固定工资,增加报酬结构中的收益分享与固定工资的比值,以体现较强的激励性;反之减少收益分享时宜增加固定工资,以体现较强的保险性。知识工作设计的边际收益来自于复杂性变化导致的边际产出与工作激励的边际效用,边际成本来自于复杂性变化导致的边际努力成本与边际风险成本,当边际收益等于边际成本时,知识工作的复杂性最优,工作设计处于最优水平。

此项研究的实践意义在于,在管理实践中,企业可以从系统性、授权度以及自由度三个维度对知识工作进行设计,以有效地利用工作的激励作用,满足工作与人的逻辑,但三个维度的水平不宜设置过大,否则工作的激励效用下降,风险成本上升,从而得不偿失。在设计激励机制时,应结合市场价格确定员工的报酬水平,依据"知识工作复杂性增加时,需增加激励强度、提高收益分享"的规律,确定员工的收益分享比例,如技术人员的收益分享比例较高,而管理人员的收益分享比例应较低;对于复杂性过高的工作,则宜降低收益分享的比例,以降低员工的风险成本。

3.3 正式制度视角下的激励管理

企业知识管理的目的是集纳、利用和创新知识,并使这些知识被企业有效利用,最终目标是通过各种有效途径和机制,使企业的知识资本增值,提高企业的核心竞争力。现在很多的企业都非常注重创新,特别是知识的创造。但是通过本项研究的梳理,我们知道,个人知识深隐于个体的大脑中,如果个人知识不能有效地转变为企业知识,企业将不会获得持久竞争优势的源泉。知识的有效分享,能促进企业内知识的良性流动和增值。当我们分享所学的知识时,会巩固我们的知识并能够得到启示。所以相对于知识创新而言,管理的重点更应该先放在知识共享上,投资相对比较小,而且也能带动知识创造。

有效的个体知识共享是不可能被组织强迫和操纵的,组织如果希望促进个体的知识共享,就必须培养有助于知识共享的工作关系。根据我们的研究结论,为知识管理者或是那些希望在组织内促进员工知识共享的组织提出以下建议。

3.3.1 非物质激励措施——社会交换

组织需要鼓励组织内部的高度组织公民行为,建立和培养社会交换的员工—组织关系。信任是社会交换的基础,首先,组织需要培养组织与员工之间的信任关系,形成良好的心理契约,解除知识共享的心理防范。其次,还需要通过组织的凝聚力、组织文化、组织成员之间的相互关系以及成员的价值观来构成知识共享的员工之间的信任体系。阿罗说"信任是经济交往的润滑剂",新制度经济学也将交易成本产生的重要原因归结为交易双方的不信任。拥有知识的个体之间的知识交换很多情况下是跨时间的,不是一次性完成的,需多次交换。没有了信任,就没有了知识共享得以进行的基础。尤其当所需共享的知识由于本身的特性尚未从发送方的意识中抽象出来并编码化时,无法加以判别,其客观性也就难以得到保证。彼此信任能降低这种知识的"黏度",使得它比较容易能为接受方接受。根据社会交换的原理,共享本身是一种投入,也可以促进员工与组织之间以及员工之间的信任,这是一个互为因果的过程。

社会交换还包括互惠的关系。知识共享不是一个可以被强迫或是明确规定的行为,它是角色外的自愿的行为,只有建立了员工与组织之间的互惠互利的关系,员工才会愿意共享自己的知识,把知识贡献给组织。社会交换还意味着长期的关系,这个长期并不是指只有工作年限长的员工才愿意共享知识,而是组织应该让员工感觉到组织本身是稳定的,感觉组织希望与员工之间是一个长期合作的关系。同时知识共享的过程其实也是一个知识重构的过程,必然不能一蹴而就,组织知识的积累也是一个长期的过程。所以员工与组织之间长期的合作关系是必需的。

社会关系还强调交流和互动,组织应该加强个体与个体之间交流和互动,知识共享的双方必须拥有相同的或者是类似的知识背景,才能更好地完成知识共享,只有相互熟悉对方的知识之后才能有效地获取与整合。达文波特和普鲁萨克(Davenport & Prusak, 1998)[1]

---

[1] Davenport T. H., Prusak L.. *Working Knowledge: How Organizations Manage What They Know* [M]. Boston: Harvard Business Press, 1998.

认为,在新经济中,谈话是最重要的工作形式。通过谈话,知识工作者可以发现他们拥有知识,可与同事分享他们的知识,并在此过程中为机构创造出新的知识。贾帕和戈文达拉扬(Gupa & Govindarajan,2000)①认为,交谈有利于新观点、新概念的产生,也有利于分享彼此的思想和心智,实现隐性知识在不同主体间的有效传递。在日本,管理者下班后会花几个小时聚在一起。聚餐和去夜总会是日本公司文化的组成部分,它们是重要的分享机制。这种分享机制为非正式的知识传递提供了途径,它没有组织,主张随意,参与者的愿望是与他遇到的人一起聊聊目前的工作,谈谈最近遇到的问题,寻找建议和解决方案。所以,我国的企业也可以在组织内部主导这种非正式的聚餐等交流途径。定期的经验交流会,对分享隐性知识也是有促进作用的(陈力等,2005)②。经验交流会是为了鼓励知识共享而特定安排的。它允许与会者自由选择交流对象,探讨双方感兴趣的话题,分享最近的工作心得,寻求更完美的解决方案。在学术研究领域,经常会召开一些学术会议,高校内也会有一些论坛之类的知识的交流会,企业可模仿学术界的一些做法,通过经验交流会,给与会者提供自由支配的时间和自由探讨的时间,更好地促进知识共享。

3.3.2　建立有利于知识共享的组织规范

针对本项研究所提到的员工倾向于把知识私有化的现象,可以

①　Gupa A., Govindarajan V.. Knowledge management's social dimension: lessons from Nucor steel [J]. *Sloan Management Review*, 2000, 42(1):71-80.

②　陈力,宣国良.基于知识特性的知识分享机制研究[J].情报科学,2005, 23 (11):1625-1629.

从组织伦理的视角来试图解决这个问题。组织内的伦理法则的形成有时候是借助于明确的合同、法律或书面的组织规章,但伦理准则常常非正式地通过群体之间默认的协议而发展。组织公开宣称的所遵循的伦理守则,往往并不代表其真实的伦理规范。真实的伦理规范构成一个特定组织或群体的个体关于特定行为的正当性达成的共识。对存在一种真实规范的最明确的检测,需要确定必要数量的人的态度和行为。在一个组织或群体内,当相当多的成员持有一种态度,即认为某一特定行为是正确的(错误的),并且相当多数成员的行为与那一态度相符时,便存在着一种真实的规范。对单个个体而言,出于自利考虑,都有动机在知识共享中"搭便车"和尽量多地占有组织的知识资源。当组织中的个体都认可这种自利行为时,就意味着组织伦理事实上并不支持知识的共享,这种时候,无论在表面上如何鼓励、支持知识的共享,组织个体并不认为组织真正支持知识共享。卡布雷拉等人(Cabrera et al., 2002)[1]明确指出,组织应该创造成员进行知识共享的群体共识,从而对组织个体起到一种无形的约束作用。除了在组织和员工之间建立互惠互利的关系以外,根据社会交换理论,组织还应该鼓励组织内员工之间互惠互利的关系,在组织内达成一种知识必须共享的共识。

3.3.3 产权激励

产权激励的研究发现,产权激励系数、报酬激励、共享意愿、员工的知识共享量、共享成本、搭便车收益以及从众心理,可使知识共

---

[1] Cabrera A., Cabrera E.F.. Knowledge-sharing dilemmas [J]. *Organization Studies*, 2002, 23(5):687-710.

享处于不同的有序结构。其中产权激励系数、报酬激励、员工共享意愿的增大可使企业知识共享的有序结构更优,这些因素与有序结构之间具有正反馈作用,并且增加产权激励系数的效果比增加报酬激励的效果要好。因此,知识经济时代,要想有效地激励知识型员工进行知识共享,除了要实行基于业绩的报酬激励外,还必须满足其产权要求,加强产权激励,但产权激励须与业绩激励匹配,并且存在最优的产权激励与业绩激励匹配机制,这需要组织多次试验才能达到最优状态。

员工的从众心理和共享偏好是员工的心理因素。员工的从众心理较难改变,这依赖于组织中的共享氛围,如果组织中共享氛围好,那么员工进行知识共享的可能性会比较大;而员工的共享偏好则可以通过共享收益得到强化,这要求企业确保员工的知识共享行为得到收益。因此,组织需要通过确保员工的知识共享行为得到收益来营造良好的知识共享氛围,从而促进员工的共享行为。

一方面,知识共享的成本、搭便车收益的增大会使组织知识共享的有序结构变差;另一方面,共享成本、搭便车收益会随着知识共享有序结构的优化而增加。因此,企业知识共享的有序结构达到某个最优状态后变差,这意味着在企业中不可能每个员工都进行知识共享,企业知识共享必然存在搭便车现象,所以,企业只能尽可能减少知识共享中的搭便车现象,而不可能杜绝该现象,同时企业还可以利用搭便车行为来调整企业知识共享的有序结构。

3.3.4 工作激励措施

前面的理论分析表明,可以通过系统性、授权度、自由度三个维度来设计和评价知识型员工的工作,增加工作的激励作用。通常情况下,组织会依据业务流程进行组织和工作设计,确定工作岗位及其工作内容,并依据岗位价值评价模型(如表 3-2 所示)对岗位的工作价值进行评价,确定各岗位的薪酬。

表 3-2　岗位评估模型

系统因素	子　因　素	权重	分值	备　注
解决的问题	复杂性、成长性	40%	400	按照 5 个系统因素进行工作设计,并对各岗位的工作价值进行评价,并参考市场价格确定其薪酬水平
权力和责任	工作的独立性、工作内容的广度、责任范围	20%	200	
知识和技能	知识多样性、技能要求、经验要求	20%	200	
工作方式	工作灵活性、工作压力、创新与开拓	10%	100	
工作环境	工作时间、环境舒适性、工作危险性	10%	100	

资料来源:范海东,唐晓斌著.宽带薪酬设计.广东经济出版社,2005.

分析表 3-2 可以发现,"解决的问题"与"知识和技能"主要考虑的是工作的系统性,"权力和责任"主要考虑的是工作的授权度,而"工作方式"与"工作环境"主要考虑的是授权度与自由度,即组织依据前面理论分析提出的三个维度来设计和评价岗位工作价值。另外,我们也发现,"解决的问题"的权重最大,说明组织工作价值评价的主要依据是组织的业务目标。因此,在具体的工作设计时,可以参考岗位评估模型的五个系统因素来进行工作设计。

另外,随着三个维度水平的增加,工作的复杂性和结果的不确定性将增加,与之配套的薪酬激励强度也应增加,那么,具体如何操作呢? 一般而言,企业具有五个层级的岗位:总经理级、部门经理级、主任级、一般管理员级、普通员工级。再依据组织流程把工作分为四类:管理、技术、生产(服务)或销售工作,其中生产工作大部分由自动化完成,因此,企业通常需要三类角色:管理人员、技术人员、服务或销售人员。把上述层级和角色结合起来,我们可以得到图 3-2 所示的各种岗位。

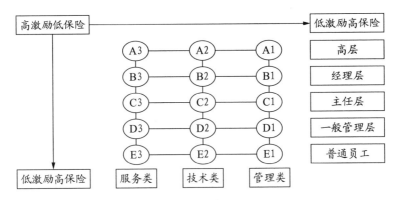

注:A、B、C、D、E 表示层级,1、2、3 表示类别。
资料来源:范海东,唐晓斌著.宽带薪酬设计.广东经济出版社,2005.

图 3-2　薪酬结构比例划分依据图

　　图 3-2 所示的是目前企业通用的薪酬结构比例划分依据模型。图中纵轴表示不同的层级,层级越高薪酬结构中效益工资与固定工资的比值越高,体现更强的激励性;而层级越低,其比值越低,体现更强的保险性。横轴表示不同的类别,相对来说,管理类工作(如管理者、财务人员、行政人员、服务人员等)的薪酬结构中效益工资与固定工资的比值较低,体现较强的保险性,而营销类工作的薪酬结构比例则体现了较强的激励性。

　　一般来讲,层级越高系统因素的评分会越高,即层级越高工作的系统性越高,授权度与自由度越大,其复杂程度与挑战性也越大,工作越依赖于员工的努力方式与程度;另外,由工作的流程和环境可知,服务或销售工作的复杂性与结果的不确定性是最大的,不可控的因素最多,技术工作次之,管理工作最小。因此,随着工作的复杂性的增加,要增加薪酬激励强度,提高效益工资,并增加薪酬结构中的效益工资与固定工资的比值。层级越高,系统因素的评分越高,同时也反映了其工作价值越高,而薪酬水平是工作价值的表现,即层级越高的岗位薪酬水平越高,在竞争性市场条件下,市场价格能反映工作价值,即薪酬水平可参照市场价格确定。图 3-2 中的 A、B、C、D、E 同时也表示薪酬水平,随层级降低而依次降低。

4

国家文化与知识共享

　　知识本身是由个体创造的,但知识共享却嵌入在一个特定的认知、行为情境之中,因此对可能引起知识共享的情境因素的理解十分重要。当前知识共享的开展并不理想,原因往往是忽视了对组织所处社会文化情境的考虑,因为国家文化是知识共享的关键驱动或阻碍因素。尤其在中国这样的转型国家,功能完备的正式制度尚且缺位,文化这一非正式制度的重要作用得以发挥,再加上中国人本身的社会导向,国家文化因素将对人们的行为产生更大的影响。西门子(中国)公司的跨文化案例研究已经证实,除激励因素之外,国家文化是影响中国员工知识共享意愿的另一关键要素。日益兴起的中国本土管理研究也要求,在分析中国转型经济形势下的企业行为及企业内个体的行为时,更应充分关注国家文化根源的影响。

　　为此,本章从国家文化的视角开展知识共享研究,在对国家文化进行界定的基础上,探讨处于高情境文化(high-context culture)背景下的中国,影响企业员工知识共享的国家文化因素有哪些? 这些国家文化因素对个体知识共享行为发挥着怎样的影响效应? 基于动机视角,本章通过实证研究分析了受国家文化影响下的企业员工的个体文化价值观对他们知识共享行为的影响机制和作用路径，并依据研究结论提出相应的治理对策。

4.1 国家文化的界定

4.1.1 国家文化的定义

1. 广义的国家文化内涵

文化不是个体问题，是依群体而存在的，它是使一个群体区别于其他群体的共享价值观体系。这种共享价值观体系集中体现为，某一群人以某种特定并持久的思维方式、认知水平和行为偏好显著区别于其他群体。①在企业开展知识管理的过程中，影响员工知识共享的文化因素主要涉及两个层面：一是宏观层面的文化，即指国家文化；二是微观层面的文化，即组织文化，或称企业文化。通常来说，国家文化除了语言、风俗习惯、思维方式等非价值观因素以外，更多因素集中在价值观层面。一个组织的企业文化是嵌于该组织所在的国家文化之中的，国家文化是组织文化的基础。②同时，人们的个体行为也嵌入在国家文化的情境中，国家文化对一个人行动的影响，既可以通过内在的价值观来影响他们行动的倾向，又可以通过形成行动策略指令系统来赞成或反对某种行动方式。③管理实践中越来越多的事实表明，包含文化、历史与传统等

① Hofstede G.. Culture's Consequences. Beverly Hills, CA: Sage, 1980.
② 戴万稳.基于组织管理视角的社会文化理论分析架构与研究范式述评[J].外国经济与管理,2010, 32(7):17-23.
③ 王保正.中国文化因素对知识共享、员工创造力的影响研究[D].浙江大学,2010.

在内的国家文化因素正极大地影响着企业内部人的行为和企业绩效。

2. 中国本土文化的内涵

根据霍夫斯泰德(Hofstede)"文化相对性"(cultural relativism)的观点,各国、各地区都孕育着相对不同的本土文化。本土文化是扎根本土、世代传承,并经过本民族的行为习惯、思维方式和价值观沉淀的结晶。中西方文化存在着明显差异,致使西方学者的研究框架难以直接应用于中国。而以儒家文化为主导的中国本土文化构成了中国人独特的价值取向、审美情趣和养生哲学,长期、持续地影响并指导着中国人的思想和行为规范。我国本土学者,乃至海外的华人学者们从中国本土文化的内涵出发,探讨"面子、关系、人情、和谐、圈子"等诸多的本土文化概念,均蕴含着中华文化社会心理的深层意义。杨国枢(1993)[①]提出的"本土契合性"(indigenous compatibility)概念和霍尔(Hall,1976)[②]的情境理论都表明,要想理解特定文化中人们的沟通和行为表现,必须要试图理解他们所处的情境,中国情境下的研究应从本国特有的文化现象入手,采用本土文化概念解释中国人的行为。日益兴起的中国本土组织管理研究也要求,在分析中国转型经济形势下的企业行为及企业员工个体的行为时,更应充分关注本土文化根源的影响。[③]

---

① 杨国枢.我们为什么要建立中国人的本土心理学[J].本土心理学研究,1993,1:6-28.

② Hall E.T.. Beyond Culture [M]. *Anchor Books/Doubleday*, Garden City, N.J., 1976.

③ Tsui A.S.. Contributing to global management knowledge: A case for high quality indigenous research [J]. *Asia Pacific Journal of Management*, 2004, 21:491-513.

4.1.2　国家文化的功能

国家文化对企业员工的影响主要体现在以下三个层次：

第一个层次表现在对人们可观察的外在物品的影响上，如不同国家文化环境中人们的服饰、习俗、语言等各不相同。国家文化是一种历史传承，是某一社会中一群人的传统，反映了一种特定的社会生活方式。符号表征理论把文化看作是一个行为场，这个行为场中的任何物质内容，例如服饰、故事、传奇、谚语等都具有内在的文化意义。充分了解不同文化之间的差异，有助于人们在工作和生活中进行有效的沟通与合作。

第二个层次表现在对人们价值观的影响上，不同国家文化背景下人们的价值观有差异。文化对人的影响，具有潜移默化、深远持久的特点，通常是无形的和非强制的。世界观、人生观、价值观是人们文化素养的核心和标志。一个人的世界观、人生观、价值观是在长期的生活和学习过程中形成的，是各种文化因素交互影响的结果。基于国家文化的价值观一经形成，就具有明确的方向性，对人的思维方式和行为倾向将产生长远、深刻的影响。

第三个层次表现在对人们的潜在假设的影响上，这种作用是无意识的，却是国家文化影响的最终层次，它决定着人们的认知活动、思维方式、人际交往和行为方式。国家文化对人格系统中信息处理机制，如知觉、认知及逻辑思维产生着巨大的影响，所以不同国家的人们对相同事物有着不同的反应。国家文化同时是一种规则和规范，社会化是个体学习和接受某种社会规范的过程。在个体的社会化过程中，国家文化对人们的行为方式和偏好起着极为重要的引导和指令作用。

4.2 国家文化对知识共享的影响功效及特征

4.2.1 跨文化理论中的文化维度对知识共享的影响功效

跨文化研究领域的理论提出了划分文化差异的方法和维度,有助于更好地理解东西方通用的文化构念。这些理论基本上涵盖了当前国际上通用的国家文化特征及内涵,有助于我们更好地理解文化差异背后的逻辑。

其中,霍夫斯泰德的文化维度理论是关于国家文化研究最具影响力的理论,也是知识管理的跨文化比较研究中应用最多的理论。[①]他提出的五维国家文化分析架构为近 30 余年来组织管理领域的文化价值观研究打下了坚实的理论基础。霍夫斯泰德将国家文化分为个体主义/集体主义、权力距离、不确定性规避、刚/柔气质,以及长期导向/短期导向五个维度。个体/集体主义是指人们关心群体成员和群体目标(集体主义)或自己和个人目标(个体主义)的程度;权力距离是指人们对社会或组织中权力分配不平等的接受程度,接受程度高的社会,层级分明,权力距离大;不确定性规避是指对事物不确定性的容忍程度,低不确定性规避文化中的人敢于冒险,对未来充满信心,而高不确定性规避文化中的人则相反;刚/柔气质维度是指人们强调自信、竞争、注重物质(刚性气质)还是强调谦逊、人际关系和他人利益(柔性气质)的程度;长期/短期导向是指一种文化对传统的重视程度,长期导向的文化更注重传统。

除了国家文化的五维因素之外,被运用于知识共享研究的国家

---

① Hofstede G.. *Culture and Organizations* [M]. London: McGraw-Hill, 1991.

文化因素还有泰安迪斯的垂直/水平集体主义、垂直/水平个体主义,以及强皮纳斯的普遍主义和特殊主义。①泰安迪斯在个体主义/集体主义的维度上增加了一维——垂直/水平文化,垂直和水平的区别类似于权力距离维度。垂直文化中的人们不提倡平等的价值观,他们认为自己和他人的区别在于他们拥有不同的社会地位。事实上,社会地位不仅仅被接受,并且是高权力距离文化所期待的。而在水平文化中,权力距离很低,这就意味着很少有人提到地位的不平等。普遍主义和特殊主义也是一组相对的文化构念,普遍主义强调对利益的计算,主张控制个人情感以提高工作成效;特殊主义则讲究差序格局,注重人际和谐、面子、关系等。这些国家层面的文化因素对企业员工知识共享的态度、意愿和行为等都存在各不相同的影响效应和机理,从国家文化的视角探求知识共享背后的深层动机和理性逻辑已逐渐得到学者们的重视。

基于这些文化维度特征,许多学者开展了不同国家情境下的跨文化比较研究,试图揭示不同国家或地区知识共享行为的差异及其国家层面的文化根源。②不同国家情境下对知识共享的研究呈现出各种不同的行为特征和作用机制。最常见的跨文化比较研究是对比英裔美国文化和中国文化背景下的员工知识共享。英裔美国文化的主要代表国家有:美国、英国、澳大利亚、加拿大;中华文化的主要代表国家和地区包括中国大陆、中国香港、新加坡、中国台湾。选择这两种文化是因为他们的经济和政治发展对全球具有重大意义,并且这两种文化的差别在某种程度上正体现了东西方文化的差异。

---

① 陈晓萍.跨文化管理[M].北京:清华大学出版社,2009.
② 李平.知识共享的国家差异及其民族文化根源:跨文化研究的视角[J].管理学家(学术版),2011,3:23-37.

周等人(1999①，2000②)是这一类研究的早期代表，他们通过中澳、中美之间的比较研究发现，影响澳大利亚企业员工非正式信息共享的因素有个人差异、个人魄力以及企业文化；而集体利益的权衡、层级观念、面子需求等因素影响着台湾企业中的信息分享。和澳大利亚经理人相比，台湾经理人更不愿意分享过去错误的经验或表达与他人冲突的观点。中国人知识共享的开放性和他们各自的集体主义倾向有关，也和知识共享是否涉及自我利益和集体利益之间的矛盾有关。当知识共享可能损害个人利益但有利于公司利益时，中国人更愿意共享。但和美国人相比，中国人更不愿意与"圈外人"共享知识。

哈钦斯和米哈伊洛娃（Hutchings ＆ Michailova，2004③，2006④）、米哈伊洛娃和哈钦斯（Michailova ＆ Hutchings，2006)⑤探讨了同处于转型时期的中国和俄罗斯企业的知识共享机制。与之前的研究认为中俄两国人排斥知识共享的观点相悖，这三项实证研究的结果一致表明，同处于集体主义文化中的中俄企业员工比西

① Chow C.W., Harrison G.L., McKinnon J.L. et al.. Cultural influences on informal information sharing in Chinese and Anglo-American organizations: an exploratory study [J]. *Accounting, Organizations and Society*, 1999, 24(7):561-582.

② Chow C.W., Deng F.J., Ho J.L.. The openness of knowledge sharing within organizations: a comparative study of the United States and the People's Republic of China [J]. *Journal of Management Accounting Research*, 2000, 12(1):65-95.

③ Hutchings K., Michailova S.. Facilitating knowledge sharing in Russian and Chinese subsidiaries [J]. *Journal of Knowledge Management*, 2004, 8(2):84-94.

④ Hutchings K., Michailova S.. The impact of group membership on knowledge sharing in Russia and China [J]. *International Journal of Emerging Markets*, 2006, 1(1):21-34.

⑤ Michailova S., Hutchings K.. National cultural influences on knowledge: a comparison of China and Russia [J]. *Journal of Management Studies*, 2006, 43(3):383-405.

方工业国家更愿意共享知识,但这一意愿受到"圈子"和"人际关系"两个文化因素的高度影响。西方企业的经理人应当充分意识到与中俄员工建立关系的重要性,并且这种关系的建立是一个长期的过程,通过构建组织成员之间的紧密关系,促进组织中"圈内成员"之间的知识共享。阿德吉弗里等人(Ardichvili,2006)[①]以卡特彼勒海外机构的在线虚拟实践社区为研究对象,检验了个体/集体主义、圈内圈外、怕丢面子、地位的重要性、权力距离、水平和垂直文化、成就和归属导向的文化等国家文化差异对俄罗斯、中国、巴西三国雇员知识共享行为的影响。研究结果说明,在中国"保全面子"并没有人们预期的那么重要;谦虚谨慎和高度竞争是阻碍中国员工知识共享的重要因素,但在俄罗斯和巴西并非如此;权力和等级方面的因素在三个国家的效应都没有原先设想的那么显著。

从跨文化理论中的文化维度因素的角度分析知识共享的跨文化比较研究,大致可以归纳出以下观点:第一,与集体主义倾向相比,在个体主义倾向的文化中,知识共享的难度更大。也就是说,处于集体主义社会中的人比个体主义社会中的人更愿意分享信息和知识;第二,与较低权力距离的文化相比,高权力距离文化中的知识流动更多地表现为自上而下。在中国情境下,员工的行动会因为主管是否在场而不同,这种情况在西方文化中并不存在;第三,在刚性文化中,如果竞争是以个体为基础的,组织成员之间的知识共享则较少;第四,在多元文化情境中的知识共享比在同一文化情境中更难开展。总的来说,在中国情境下,知识共享行为受文化因素的影

---

① Ardichvili A., Maurer M., Li W. et al.. Cultural influences on knowledge sharing through online communities of practice [J]. *Journal of Knowledge Management*, 2006, 10(1):94-107.

响比个人态度影响更大,由于中国人行为的社会导向,文化等非正式制度因素对行为的影响效果会更显著(Huang et al., 2008)①。

4.2.2 中国本土文化对知识共享的影响功效

在霍夫斯泰德五维度文化的理论框架下,中国文化具有集体主义、较高权力距离、中等不确定性规避、刚柔相对平衡以及长期导向的特征。同时,中国传统文化受儒家思想影响又形成了诸多本土文化构念,如关系、面子、人情、圈子、和谐、五伦、阴阳、报、家族集体主义等。考虑到中国独特的文化特征,与西方的文化差异给中国企业探索适合自己的促进知识共享行为的方式提出了挑战。为此,不少华裔学者和国内学者纷纷将这些具有中国特色的本土文化因素引入到企业知识共享的研究框架中来。

基于我国传统文化的本土化研究,本章主要关注的是华裔学者对中国企业知识共享问题的研究,他们通常从中国人的个体文化价值取向入手,研究中国本土文化因素对员工知识共享的影响。中国的知识管理与别国不同,一方面受到技术的限制,另一方面在团队和社会层面更大程度地受文化价值观等心理因素的影响。然而当前,中国本土文化特征对知识共享影响的研究还非常薄弱,成果主要集中在一些华裔学者的研究中。

1. 关系取向对知识共享的影响

中国社会拥有一套由"面子"和"关系"构成的社会运行机制,它蕴含着中华社会文化的深层内涵,因此"面子"和"关系"是理解中国

---

① Huang Q., Davison R.M., Gu J.. Impact of personal and cultural factors on knowledge sharing in China [J]. *Asia Pacific Journal of Management*, 2008, 25:451-471.

社会结构最为关键的两个文化概念。针对"关系"的研究一般基于两个视角:一个是从社会网络角度分析作为组织行为主体的人及群体所嵌入的强弱关系网络。关系被视为一种相互信任基础上的强社会纽带,双方可以通过彼此间名誉和信任的交换来获得资源和信息。强、弱联结关系和其支撑的知识共享之间存在不同的关系。另一个是从中国本土社会心理学视角阐释的中国人具备的"关系取向"。关系取向是中国人受传统儒家文化影响而形成的独特心理倾向。中国人通常重视人际关系,花很多时间、精力处理和维护人际关系。本章主要关注社会心理学意义上的关系取向,它更符合中国情境的特殊性,并存在于中国社会生活的方方面面。知识管理领域的学者通常认为,中国文化情境中企业员工知识共享的目的之一是为了构建良好的人际关系。

深受儒家传统影响的中国人特别关注人际关系网的构建,因为在儒家文化导向的社会中和谐具有很高的价值。虽然对组织成员人际关系能够影响个体或组织行为绩效的讨论由来已久,但在中国情境下开展关系取向与知识共享关系的研究依然较少。当前研究两者关系的相关文献几乎都存在同样的认知基础,即通过组织成员间的合作、相互学习和知识共享能够促进他们形成良好的关系;反过来,中国人的"关系"取向同样有利于推动知识共享活动的进行。例如,构建人们的信任关系是实现中国企业内知识共享的有效途径(Huang et al.,2008)[1];人际关系中的和谐取向对组织内部知识共

---

[1] Huang Q., Davison R.M., Gu J.. Impact of personal and cultural factors on knowledge sharing in China [J]. *Asia Pacific Journal of Management*, 2008, 25:451-471.

享行为也起到积极的影响(路琳,陈晓荣,2011)①。需要强调的是,关系的构建是长期行为,关系亲疏、强弱的不同也会显著影响到知识共享,具体表现为知识共享的类型、范围及有效性。

2. "面子"对知识共享的影响

"面子"的形成源于特定的社会文化,和西方社会相比,"面子"需求在中国社会情境下更为突出。从本质上说,面子是从别人处获得的对自己社会身份和社会地位的认可②。面子观念更适用于东亚国家,因为在东亚地区奉行的价值观是崇尚和谐的社会关系,从而必须维护社会秩序、保全面子。邦德和黄(Bond & Hwang, 1986)③讨论了在中国社会中"面子"行为的六种类型,并强调面子的重要性是由个体所处地位,尤其是在群体中的层级地位决定的。由于知识共享是一种社会活动,必然在一定程度上受到人们"面子"需求的影响。

中国人讲究"面子"的文化特性在很多知识共享研究中具体表现为"挣面子"(gain face)和"害怕丢面子"(avoid losing face, save face)两种不同的倾向。挣面子是指人们为了拥护积极的公众形象而主动争取面子,以获得他人及社会的认可;害怕丢面子则指人们出于对形象损失的担心而消极或低调从事,避免遭到他人的负面评价。黄等(Hwang et al., 2003)④试图探讨个体/集体主义与"面子"

① 路琳,陈晓荣.人际和谐取向对知识共享行为的影响研究[J].管理评论,2011,1:68-74.

② Lockett M.. Culture and the problems of Chinese management [J]. *Organization Studies*, 1988, 9(4):475-496.

③ Bond M.H., Hwang K.. The social psychology of Chinese people. In M.H. Bond, *The Psychology of the Chinese People* [M]. Hong Kong: Oxford University Press, 1986.

④ Hwang A., Francesco A.M., Kessler E.. The relationship between individualism-collectivism, face and feedback and learning processes in Hong Kong Singapore and the United States [J]. *Journal of Cross-cultural Psychology*, 2003, 34(1):72-91.

之间的关系,发现个体主义与挣面子存在正向关系。个体主义者敢于在课堂上提问不仅为了获取知识,同时也可以获得声望和认可,从而挣得面子。但研究并没有找到有力的证据支撑集体主义者与害怕丢面子的正相关关系。他们的研究还发现,想要挣面子的人更倾向于选择正式的沟通渠道展示他们的知识和能力,害怕丢面子的人则更喜欢通过非正式途径与人沟通。黄等(Huang et al., 2011)①的研究证实,挣面子无论对显性或隐性知识共享均有积极效应,而怕丢面子尤其对隐性知识共享的影响是负面的。综上所述,面子对知识共享的效应是一分为二的,如果说"挣面子"有利于知识共享,那么"害怕丢面子"将会对知识共享构成阻碍。

3. "和谐"对知识共享的影响

西方文化价值观理论中也存在"和谐"的概念,它是在探讨人们如何管理他们与自然和社会的关系时被提出的,该价值观强调世界和平、顺应自然以及保护环境,而非改变、探索和征服我们所处的世界(Schwartz, 2006)②。然而,中国传统文化中的"和谐"起源更早,古代智者便以"和"为最高境界,倡导"天时不如地利,地利不如人和",体现了"人和"在事物成败中的关键作用。和谐这一本土概念发展至今,已备受组织管理领域诸多学者的关注。组织管理研究中的"和谐"主要是指人际关系层面上的和谐取向,即以追求人与人之间的和谐关系为导向的价值观,被认为既可以规避人们相处中的对

---

① Huang Q., Davison R.M., Gu J.. The impact of trust, guanxi orientation and face on the intention of Chinese employees and managers [J]. *Infomation Systems Journal*, 2011, 21:557-577.

② Schwartz S.H.. A theory of cultural value orientations: explication and applications [J]. *Comparative Sociology*, 2006, 5(2-3):137-182.

立和冲突,又有利于增进组织内部的人际信任和互动行为,同时提升团队效率和组织竞争力。

　　追求和谐是中国人处理人际关系的基本原则。梁觉等人(Leung,2002)①认为,人们对和谐的追求是出于两种不同的目的,一种是将和谐作为终极目标,是价值观的体现,称为价值观型和谐取向;另一种则是把和谐作为工具和手段,力图通过和谐达到其他功利目标,称为工具型和谐取向。由于知识共享是组织内部成员间的一种人际互动行为,必然受到人际关系因素的影响,路琳和陈晓荣(2011)②从人际关系的和谐取向视角出发,在梁觉等人的基础上增加了否定型和谐取向,并探讨三种不同维度的人际和谐取向对员工知识共享行为的影响。研究结果证实,价值观型和谐取向对知识共享具有正向作用,并且是通过组织公民行为和人际沟通发挥影响的。工具型和谐对知识共享没有显著影响,否定型和谐对知识共享有负面作用,人际沟通在其中发挥中介作用。

　　4."人情"对知识共享的影响

　　重人情是中国典型的文化特征,"人情"在华人社会中无处不在,对中国人的行为倾向有着深远的影响。按照黄光国(Hwang,1987)③的观点,与其他文化相比,中国的"人情"更为复杂,包括三层含义:第一,人情是指个人遭遇到各种不同生活情境时,可能产生

　　① Leung K., Koch P.T., Lu L.. A dualistic model of harmony and its implications for conflict management in Asia [J]. *Asia Pacific Journal of Management*, 2002, 19(2-3):201-220.
　　② 路琳,陈晓荣.人际和谐取向对知识共享行为的影响研究[J].管理评论,2011, 1:68-74.
　　③ Hwang K. K.. Face and favor: the Chinese power game [J]. *American Journal of Sociology*, 1987, 92(4):944-974.

的情绪反应；第二，人情是指人与人进行社会交易时，可以用来馈赠对方的一种资源；第三，人情是指中国社会中人与人应该如何相处的社会规范。在现代组织管理和心理学领域，人情的"社会规范"内涵被更多的学者所接受和认可，而这种社会规范的核心就是"报"。为了不欠对方人情，就必须更好地回报对方，这就是中国人际交往中不得不遵循的"人情法则"。

从社会学的角度出发，知识共享属于一种社会交换（Bock et al.，2005）[①]，而中国人的社会交换通常是依靠"人情"来维持的（金耀基，1980）[②]。因此，人际交往中的人情倾向必然会影响到人们的知识共享意愿和行为。人情倾向较高的个体更愿意与他人共享知识，因为他们认为自己对知识的付出在预期的未来也会得到接受者知识或其他资源的回馈。然而，人情倾向对知识共享影响的实证研究目前仍为罕见，仅有王保国（2010）[③]的研究证实了人情倾向对员工间一般知识共享行为的正向作用，说明人情倾向强的员工信奉"礼尚往来"的原则，愿意把自己的一般知识与同事共享。

5. "圈子"对知识共享的影响

"圈子"是指具有相同的兴趣爱好或者为了某些共同的利益诉求而联系在一起的人群的社交范围。在中国，一个人的圈子影响着

---

① Bock G.W., Zmud R.W., Kim Y.G. et al.. Behavioral intention formation in knowledge sharing: examining the roles of extrinsic motivators, social-psychological forces, and organizational climate [J]. *MIS Quarterly*, 2005, 29(1):87-111.

② 金耀基.人际关系中人情之分析.杨国枢主编.中国人的心理[M].台湾:桂冠图书公司,1980:75-104.

③ 王保国.中国文化因素对知识共享、员工创造力的影响研究[D].浙江大学,2010.

他的社会经济活动,因此人们格外重视圈子。中国人的圈子导向本质上来源于儒家传统,建立关系的重要目的就是要取得圈内地位。同时,圈子的价值与他人的信任及依赖紧密相连,那些不在圈子里的人就被认为是"圈外人",他们无法享受由圈子网络带来的利益。因此,获取圈内地位很重要,圈内人可以获得更多的资源和成果,通过收集大家的信息和知识以形成组织的知识。

圈子导向也是个体主义和集体主义文化价值观的影响结果。以中国人为典型代表的集体主义者对圈内人和圈外人的态度有很大的不同,他们更不愿意与圈外人分享知识,而愿意与圈内人共享。相对来说,个体主义者没有强烈的圈子观念,他们甚至不愿意与有工作利益的集体成员分享知识(Hutchings & Michailova,2004[1];2006[2])。在中国,知识共享机制和情感承诺也会受到圈内圈外因素影响而产生不同结果。理论和实践结果都表明:出于顺从行为的动机,与圈外人更倾向于进行正式的知识共享;而与圈内人则偏好于非正式的共享,并且这种分享行为是基于对该行为深层次的认同和内化。可以说,中国人的圈子导向是知识共享的显著障碍。

6. 家族集体主义对知识共享的影响

以儒家文化为主导的中国人更注重集体利益,集体主义是中国文化最主要的特征之一,有利于促进知识管理。但在中国,家庭是

---

① Hutchings K., Michailova S.. Facilitating knowledge sharing in Russian and Chinese subsidiaries [J]. *Journal of Knowledge Management*, 2004, 8(2):84-94.

② Hutchings K., Michailova S.. The impact of group membership on knowledge sharing in Russia and China [J]. *International Journal of Emerging Markets*, 2006, 1(1):21-34.

社会的基石,中国人的家庭观念很重,人们之间相互的义务责任往往受限于家庭和亲属关系,因此中国的集体主义更确切地说是一种家族集体主义,或者小团体主义。中国人往往优先考虑团体的利益而非个人的利益,但这并不意味他们否定个体利益。中国人认为集体利益是对个人利益的最大保障,事实上他们优先考虑的是团体利益是否能满足他们自身的需求和目标。因此,中国人进行知识共享讲究范围前提,他们的知识共享也是有限的。

集体主义强调以合作达成群体目标,有助于推动知识共享活动,它既存在于国家层面,也可以从群体或个体层面探讨。希恩等人(Shin et al.,2007)①、黄和基姆(Hwang & Kim,2007)②、于米(2011)③等学者从个体价值观角度的研究证实,中国员工的集体主义倾向对知识共享的态度、意愿以及行为均具有正向作用。集体主义倾向支持知识共享是因为在其影响下的个体行为在某种程度上是为了维持群体内部的和谐,在实现个人目标的同时追求群体利益最大化,有时甚至会削弱或放弃个人利益。可见,在知识共享情境中,集体主义价值观取向所倡导的奉献精神有益于增进个体共享知识的意愿和行为。近年来,更有学者开始逐步关注集体主义倾向在魅力型领导行为、社会规范等变量影响个体知识共享过程中的调节

① Shin S.K., Ishman M., Sanders G.L.. An empirical investigation of socio-cultural factors of information sharing in China [J]. *Information & Management*, 2007, 44:165-174.

② Hwang Y., Kim D.J.. Understanding affective commitment, collectivist culture, and social influence in relation to knowledge sharing in technology mediated learning [J]. *IEEE Transactions on Professional Communication*, 2007, 50(3):232-248.

③ 于米.个人/集体主义倾向与知识分享意愿之间的关系研究:知识活性的调节作用[J].南开管理评论,2011,6:149-157.

作用(张鹏程等,2011①;Hwang,2012②),成为该领域研究的新趋势。

7. 垂直文化对知识共享的影响

垂直文化以不平等的价值观为核心。费孝通先生提出的"差序格局"概念很大程度上恰好反映了存在于中国社会的纵向等级制度。中国文化的等级观念具体体现为权威、资历、层级、地位等文化属性。在中国的社会生活之中,人们十分看重上下尊卑的等级差序,评价一个人的成功与否往往取决于个人的年龄、资历以及所处的地位,而非他个人的成就或对组织的贡献。受垂直文化影响,人们在进行知识共享时必然会形成显著的心理倾向和行为偏好,垂直文化往往不利于知识共享行为的发生。

伊普(Ipe,2003)③对知识管理文献的回顾总结了垂直文化的诸项属性将决定人们知识共享的动机以及知识流动的方向。在中国这样的垂直文化情境中,自上而下的信息流动方向通常受到层级的限制,人们的地位又是由年龄、性别、财富而非他们的个人成就决定的,再加上中国社会崇尚权威、尊崇上级、论资排辈的传统导向,使得处于较低层级的企业员工无法得到某些特定类型的信息。同时这些员工又不敢挑战权威、挑战资历和地位高于自己的人,因此很难在工作中促使他们分享知识或表达真实观点。

---

① 张鹏程,刘文兴,廖剑桥.魅力型领导对员工创造力的影响机制:仅有心理安全足够吗? [J].管理世界,2011,10:94-107.

② Hwang Y.. Understanding moderating effects of collectivist cultural orientation on the knowledge sharing attitude by email [J]. *Computers in Human Behavior*, 2012, 28:2169-2174.

③ Ipe M.. Knowledge sharing in organizations: a conceptual framework [J]. *Human Resource Development Review*, 2003, 4(2):337-359.

4.2.3 国家文化影响知识共享行为的研究现状

在知识共享领域,无论是跨文化比较研究还是本土研究,都注意到了国家文化因素的双重效应,即它们对知识共享既有促进作用也有阻碍作用。国家文化的促进因素涉及集体主义的文化倾向、信任、和谐等儒家思想;阻碍因素除了国家文化差异、语言障碍以外,还包含了谦虚、怕丢面子、圈子、竞争、权威等更多中国本土文化的概念。可见,具有中国传统特征的文化因素对知识共享的阻碍效应更大。在这些文化观念强烈的中国社会,知识共享受到了很大限制,组织内藏匿信息和知识的现象客观存在,这也是中国企业知识共享难以真正推行的根源所在。当前在中国的一部分企业中,管理者和劳动者之间的信任危机不断加剧,更进一步限制了知识的共享与创新。

将国家文化因素引入知识共享最早的是周等人(Chow et al.,1999)[①]的研究。至今这一领域出现了一些基于多种国家文化构念及相应测量工具的实证研究(详见表4-1)。

在这些研究中,和知识共享相关的结果变量通常有:知识共享态度、知识共享主观规范、知识共享意愿、知识共享承诺以及知识共享行为等。根据相关理论,这些结果变量之间本身也存在相关关系。例如,理性行为理论的观点认为,个体的知识共享行为在某种程度上可以由知识共享意愿合理地推断,而个体的知识共享意愿又是由知识共享态度和主观规范决定的。魏等人(Wei et al.,

---

① Chow C.W., Harrison G.L., McKinnon J.L.et al.. Cultural influences on informal information sharing in Chinese and Anglo-American organizations: An exploratory study [J]. *Accounting, Organizations and Society*, 1999, 24(7):561-582.

表 4-1 国家文化视角下企业内部知识共享实证研究汇总

研究类型	文献	研究样本	文化因素	结果变量	研究方法
跨文化比较研究	周等人(Chow et al., 1999)	13(14)个中国台湾地区(澳大利亚)企业的52(50)名中层管理者	集体利益、等级、面子、组织文化	非正式的信息共享	访谈、内容分析法
	周等人(Chow et al., 2000)	142名企业经理(104名来自美国,38名来自中国)	集体主义倾向、圈内圈外	知识共享的开放性	实验、内容分析法
	哈钦斯和米哈伊洛娃(Hutchings & Michailova, 2004)	西方企业在中国和俄罗斯公司的雇员	关系网络、圈内圈外	知识共享行为	定性研究
	哈钦斯和米哈伊洛娃(Hutchings & Michailova, 2006)	西方总公司的经理和中国、俄罗斯子公司的雇员	圈内圈外	知识共享行为	访谈
	米哈伊洛娃和哈钦斯(Michailova & Hutchings, 2006)	中国、俄罗斯企业的雇员	垂直集体主义、特殊主义;社会关系(中介作用)	知识共享行为	访谈
	阿德吉弗里萨(Ardichvili et al., 2006)	跨国公司Caterpillar在中国、巴西、俄罗斯海外机构的雇员	个体/集体主义、圈内圈外、怕丢面子、地位、权力距离、横向和纵向归属文化、成就和归属导向的文化	虚拟社区的知识共享行为	案例研究
	魏丽(Li W., 2010)[1]	某跨国公司内41名中国和美国雇员	语言、思维逻辑的文化差异	在线知识共享行为	案例研究

续表

研究类型	文　献	研究样本	文化因素	结果变量	研究方法
本 土 研 究	黄和基姆（Hwang & Kim，2007）	411 名知识共享系统用户	集体主义	系统用户的知识共享态度	问卷调查
	希恩等人（Shin et al.，2007）	中国企业 140 名管理人员	关系、集体主义、儒家文化	中国人信息分享	问卷调查
	黄等人（Huang et al.，2008）	200 名中国企业雇员	面子、关系导向	知识共享意愿	问卷调查
	童和米特拉（Tong & Mitra，2009）[2]	某中国移动电话公司的雇员	等级观念、怕丢面子、谦虚竞争、面对面交流的偏好、信任	知识共享行为	案例研究
	王保国（2010）	1 340 名企业员工	和谐、面子、人情、集体主义、等级	一般/关键知识共享	访谈、问卷调查
	赵卓嘉和宝贡敏（2010）[3]	548 名被访者	关系型、能力型、道德型面子需要	知识共享意愿	问卷调查
	黄等人（Huang et al.，2011）	200 名中国企业在职 MBA 学生	面子、关系导向、信任	显性/隐性知识共享意愿	问卷调查
	尹洪娟等（2011）[4]	436 名企业员工	关系、人际信任	知识共享意愿、质量	问卷调查
	路琳和陈晓荣（2011）	企业中上司与下属配套 168 套问卷	和谐取向	知识共享行为	问卷调查

续表

研究类型	文　献	研究样本	文化因素	结果变量	研究方法
本土研究	于米(2011)	长春一汽集团下属五家分公司一线员工	个体/集体主义	知识分享意愿	访谈、问卷调查
	王等人(Wang et al.，2012)[5]	台湾高科技产业253名员工	关系	知识共享行为	问卷调查
	黄(Hwang，2012)	566名学生	集体主义(调节作用)	在线知识共享态度	问卷调查
	刘蕤等人(2012)[6]	240名虚拟社区在线用户	争面子	虚拟社区知识共享意愿	问卷调查
	王士红(2012)[7]	580名企业员工	面子(调节作用)	知识共享意愿	问卷调查
	张晓东和朱敏(2012)[8]	125名MBA学员	集体主义	知识共享行为	实验研究

注：[1] Li W.. Virtual knowledge sharing in a cross cultural context [J]. *Journal of Knowledge Management*，2010，14(1)：38-50.
[2] Tong J.，Mitra A.. Chinese cultural influences on knowledge management practice [J]. *Journal of Knowledge Management*，2009，13(2)：49-62.
[3] 赵卓嘉，宝贡敏. 面子需求对个体知识共享意愿的影响[J].软科学，2010，24(6)：89-93.
[4] 尹洪娟，杨静，王铮等."关系"对知识分享影响的研究[J].管理世界，2011，(6)：78-179.
[5] Wang H.K.，Tseng J.F.，Yen Y.F.. Examining the mechanisms linking guanxi, norms and knowledge sharing: the mediating roles of trust in Taiwan's high-tech firms [J]. *International Journal of Human Resource Management*，2012，23(19)：4048-4068.
[6] 刘蕤，田鹏，王伟军.中国文化情境下的虚拟社区知识共享影响因素实证研究[J].情报科学，2012，30(6)：866-872.
[7] 王士红.组织动机感和损失知识感及知识共享意愿[J].科研管理，2012，33(1)：56-63.
[8] 张晓东、朱敏.激励同事态度和个人文化对知识共享的影响[J].科研管理，2012，33(10)：97-105.

2008)[①]认为,知识共享的认知过程包括知识共享主观规范、知识共享态度、知识共享意愿、知识共享承诺四个因素以及这几个因素的关系。而依据社会影响理论(Kelman,1958)[②],知识共享态度由"顺从—认同—内化"的承诺过程决定。通过回顾发现,先前的知识管理文献多数关注的仅是知识共享的顺从承诺(通过给予外生激励),这对于我们理解社会影响和知识共享行为都是不全面的。

与过去相比,近年的相关研究已不再仅仅关注宽泛的知识共享行为,对作为研究框架中结果变量的知识共享进行维度细分已成为一种趋势,尤其是将知识共享的二维划分作为最终的结果变量逐渐成为主流。知识共享的维度划分主要围绕共享内容、共享范围、共享机制、共享情境等进行。希恩等人(Shin et al.,2007)[③]关注中国人的信息分享,并将其分为圈内信息分享和圈外信息分享两组分别进行测量。王保国(2010)[④]通过检验发现影响一般知识共享的中国文化因素有集体主义倾向、和谐倾向、人情倾向以及面子倾向;而影响关键知识共享的中国文化因素有集体主义倾向、和谐倾向以及等级倾向。黄等人(Huang et al.,2011)[⑤]的研究同时关注了显性

---

① Wei J., Stankosky M., Calabrese F. et al.. A framework for studying the impact of national culture on knowledge sharing motivation in virtual teams [J]. *The Journal of Information and Knowledge Management Systems*, 2008, 38(2):221-231.

② Kelman H. C.. Compliance, identification, and internalization: Three processes of attitude change [J]. *Journal of Conflict Resolution*, 1958, 2(1):51-60.

③ Shin S.K., Ishman M., Sanders G.L.. An empirical investigation of socio-cultural factors of information sharing in China [J]. *Information & Management*, 2007, 44:165-174.

④ 王保国.中国文化因素对知识共享、员工创造力的影响研究[D].浙江大学,2010.

⑤ Huang Q., Davison R.M., Gu J.. The impact of trust, guanxi orientation and face on the intention of Chinese employees and managers [J]. *Infomation Systems Journal*, 2011, 21:557-577.

知识共享意愿和隐性知识共享意愿。还有研究提出组织中的信息共享具有两种机制:正式和非正式。在某种程度上说,相对于正式信息共享,行为和文化因素将更多影响非正式信息共享的过程。

可以发现,即使是相同的文化因素,对不同的结果变量或同一变量的不同维度都可能存在不同的效应。未来的研究需要通过检验基于价值观的文化维度对知识共享不同变量的影响机制来增强对国家文化情境效应的理解,从而更有效地组织和开展企业的知识管理。

4.3 国家文化对知识共享的作用路径与实证检验

尽管越来越多的学者意识到国家文化的情境因素在企业员工知识共享的过程中发挥着重要作用,但与此相关的实证研究仍处于刚刚起步的阶段。通过以上回顾可见,现有研究存在着诸多不足,其中最为突出的问题在于,深受国家文化影响形成的员工个体层面的文化价值观取向对知识共享行为倾向的作用机制研究目前尚属空白状态。绝大多数探讨"文化价值观对知识共享影响效应"的实证研究,仅仅将文化价值观因素作为理论构建的自变量从而探讨它们与知识共享之间的直接效应。近年来虽然也有学者开始关注文化价值观因素在其他变量影响知识共享过程中的调节效应,但至今少有研究真正打开"个体的文化价值观取向究竟是如何影响他们的知识共享行为"这个黑箱。这一研究的空缺致使学者们对知识共享行为背后深层次的文化根源及其影响机制的理解并不全面、深入,更不利于组织管理的实践者引导不同价值观取向的员工开展更为有效的知识共享活动。为此,我们尝试着对文化价值观取向影响员工知识共享的作用机制做出系统的理论探讨。

4.3.1 基础理论的选取

自 20 世纪 50 年代开始,学术界对国家文化的研究促进了文化价值观取向相关理论和测量工具的发展。克拉克洪将价值观定义为一种外显或内隐的,由个人或群体表现出的对什么是"值得的"的看法,它影响着人们对行为方式、手段和目标的选择。本章前文提及的霍夫斯泰德关于工作价值观的理论来源于对 IBM 公司的案例研究,他提出的用于比较不同国家文化的五个文化维度被广泛运用于商业管理的研究领域。20 世纪 90 年代以来,舒华兹的研究主要集中在文化价值观取向的个体差异以及它们对人们态度和行为的影响方面,属于社会心理学的分支,已逐渐成为文化价值观研究领域的主流理论。

舒华兹将文化视为盛行于某一社会人群中有关含义、信念、实践、标志、规范和价值观的复杂综合体,他认为某一社会中形成的文化价值观是相对稳定的,即使发生变化也是非常缓慢的。在此基本假设的前提下,舒华兹认为,比较不同文化之间的价值观维度必须要考虑三个重要的问题:第一是关于人和群体之间关系(或界限)的本质;第二是确保人们以负责的方式行事;第三个社会问题是人们如何管理他们与自然和社会的关系。舒华兹(Schwartz,2006)[①]的理论认为,价值观是一种因人而异的跨情境目标,在一个人的生活

----

① Schwartz S.H.. A theory of cultural value orientations: explication and applications [J]. *Comparative Sociology*, 2006, 5(2-3):137-182.

或其他社会活动中发挥着引导作用,其具体内涵包括六项特征:
(1)价值观反映了与情感密不可分的相关信念;(2)价值观是可以激
励行动的理想目标;(3)价值观却又超越了具体的行动和状态;
(4)价值观是用于指导行动、政策、人员和事件的选择或评价的标准
或准则;(5)根据价值观的相对重要性,可以形成一个偏好的先后顺
序;(6)价值观的相对重要性指导着行动。

上述以克拉克洪、霍夫斯泰德以及舒华兹等为代表的价值观研
究者都将价值观理解为影响个体思维和行为倾向的构件,对个人的
思想和行为具有一定的导向或调节作用。同时有研究结果表明,传
统的文化价值观对个体行为的远端影响是通过更近端的心理状态
的中介作用实现的。[①]具体来说,价值观有强烈的动机成分,会引导
某种潜在的行为动机,这种动机因素会在价值观与行为间搭建一座
桥梁。[②]根据心理学的观点可以理解为,某一社会固有的价值观在
得到个体内化的状态下会获得某种动力,形成实实在在的个体行为
动机,从而指导人们的行为。[③]文化价值观是个体动机,甚至成为行
为决策的重要推动因素和阻碍因素。因此,从价值观和心理动机的
视角研究个体的行为倾向成因是较为成熟的研究范式,消费者购买
行为领域的实证研究也证实了"价值观—动机—行为"(VMB)模型
存在的合理性,可以尝试运用于更为广泛的个体行为研究领域。

① 李锐,凌文辁,柳士顺.传统价值观、上下属关系与员工沉默行为——一项本土文化情境下的实证探索[J].管理世界,2012,(3):127-150.
② Verplanken B., Holland R.W.. Motivated decision making: effects of activation and self-centrality of values on choices and behavior [J]. *Journal of Personality and Social Psychology*, 2002, 82(3):434-447.
③ 张梦霞."价值观—动机—购买行为倾向"模型的实证研究[J].财经问题研究,2008,(9):89-94.

4.3.2 国家文化对知识共享作用路径的一般框架

基于对现有知识共享实证研究的回顾和梳理,我们认为国家文化因素在个体层面表现出的个人相互不同的文化价值观取向对他们的知识共享行为具有显著的推动或阻碍作用,然而其中的作用机制仍是学者们有待探索的未知领域。从上文提及的文化价值观、个体动机以及行为的内涵出发,不难理解这三个概念在一定程度上存在着密不可分的联系。

价值观是主体按照客观事物对其自身及社会的意义或重要性进行评价和选择的原则、信念和标准,其主要表现形式有兴趣、信念和理想等。价值观对于个体或群体行为倾向的解释、预测和导向作用是显而易见的,不同的价值观将导致不同的行为效应。同时,价值观又直接决定着动机的性质、方向和强度。通常,个体把目标的价值看得越高,由目标激发的动机就越强,在行为中发挥的力量就越大。相反,个体认为目标的价值不大,由此激发的力量就小。利他的价值观能够促使个体产生助人的动机,做出助人的决定,并使这种行为得以坚持下去。在知识共享情境中,尽管影响知识共享行为的文化价值观存在着不同的维度划分方式,但将其作为一个整体,它在不同的维度上影响着不同的知识共享行为动机。

此外,动机除了具有激活和维持行为的功能以外,它与行为的关系十分复杂。同一种行为可能有不同的动机,即各种不同的动机通过同一种行为表现出来;不同行为也可以有同一种或相似的动机。在同一个人身上,行为的动机有多种多样,其中某些动机占主导地位,为主导动机,有些处于从属地位,为从属动机。在动机与行为的效果关系上,情况也较复杂,一般来说,良好的动机应产生良好的效果,但也有事与愿违的情况发生。因此,只有了解一个人的行为动机,才能较准确地解释其行为,并对行为做出比较准确的控制与预测。知识共享的研究发现,个体开展知识共享行为的动机是多种多样的,既可以从内生和外生动机的角度理解,又可以从社会学和心理学的视角看待,这些不同的知识共享个体动机也将预示着不同的知识共享行为表现。

为此,我们将广义的"价值观—动机—行为"模型引入知识共享分析框架,基于知识共享领域中文化价值观与知识共享动机、行为三者之间的相互关系,试图从个体动机的视角解释国家文化(文化价值观取向)影响个体知识共享行为的作用路径(图 4-1)。

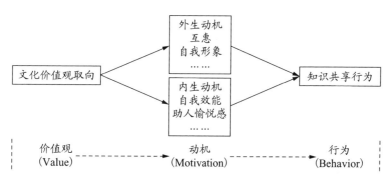

图 4-1　国家文化对个体知识共享行为的作用路径

4.3.3　中国本土文化对知识共享作用路径的实证检验

中国人的行为具有明显的社会导向性特征,孕育在这一社会中的传统文化因素通常会对他们的行为倾向产生更大的影响。因此,基于中国特有文化价值观的知识共享本土化研究正逐渐成为近年来华人学者热衷的研究主题。虽然一些本土文化因素与知识共享行为之间的关系已经得到证实,但目前很少有研究针对这些前因变量是如何发挥作用的机制进行深入探讨。魏昕和张志学(2010)①提出,文化价值观是历史传承的意义范式,只有通过个体当下心理状态的塑造,才能影响实际行为的发生。为了检验上文提出的"价值观—动机—行为"模型在知识共享研究中的适用性,进一步明确文化价值观影响知识共享行为背后的作用机制,本节试图通过问卷调查的研究方法提供预期的实证论据。

1. 研究变量的选取和界定

(1) 中国本土文化价值观。

文化价值观是行为倾向的抽象化概念,在中国本土情境下表现为典型的尊重传统、追求和谐、讲求面子、注重人情等特征。依据上文回顾,这些本土文化价值观取向均对组织内部员工的知识共享行为起到显著的(积极或消极的)预测作用。然而不少研究模型对于这些文化价值观变量的选取是零散而缺乏系统性的,不利于深刻理解研究模型各变量间内在的逻辑关系。

中国是一个以"关系"为基本运行机制的社会,"关系"决定着方方面面事物的成败得失。从微观视角来看,组织内部员工之间的知识共享行为属于一种社会交往和互动行为,必然受到人际关系层面因素的影响。由于"人情"和"和谐"体现着关系的核心内涵(洪晨桓,2008)②,本节选取人际关系层面的两个文化价值观——人情取向、和谐取向作为前因变量,探讨它们与个体知识共享行为的关系

① 魏昕,张志学.组织中为什么缺乏抑制性进言?[J].管理世界,2010, 10:99-121.

② 洪晨桓.华人"关系"量表之发展——内部顾客观点[D].台湾"东华大学",2008.

及其作用机制。"人情"本身具有多种层次的内涵,在这里我们采用
黄光国(Hwang,1987)①的观点,将人情取向定义为人与人之间相
处时注重"回报"的社会规范的一种价值观,它和中国人的社会交换
行为密切相关。和谐的概念同样包含着人与自然的关系、人与人的
关系以及个人身心关系的多层内涵(王保国,2010)②,而这里我们
将和谐取向定义为人际相处过程中追求和睦、融洽状态的价值取
向,它必然有助于增进人际的互动及合作行为。

(2) 知识共享动机。

知识共享动机是引导个体获得对其共享行为预期的满意结果,
这种预期可以具体表现为对金钱、地位、成就感、人际关系、精神愉
悦等的需求程度。在这里我们从外生动机和内生动机的视角选取
互惠和助人愉悦感作为知识共享的动机变量,因为互惠是他人未来
回报自己的承诺,会受到个体与他人人际关系的影响,而助人愉悦
感归因于个体对组织或同事的义务感和自我身份的感知,会受到个
体与组织或同事关系的影响,两者同属于关系型动机,可能是解释
人际关系层面的文化价值观引导个体行为的较好机制。

(3) 知识共享行为。

知识共享行为(actual knowledge sharing behavior)是指组织内
部的个体将自己的知识贡献给他人,从而与对方共同拥有这些知
识的行为(Ford,2004)③。学者们普遍认为知识共享行为并非一

---

① Hwang K. K.. Face and favor: the Chinese power game [J]. *American Journal of Sociology*, 1987, 92(4):944-974.

② 王保国.中国文化因素对知识共享、员工创造力的影响研究[D].浙江大学, 2010.

③ Ford D. P.. *Knowledge Sharing: Seeking to Understand Intentions and Actual Sharing* [D]. Canada: Queen's University, 2004.

项特定的行为(not a single behavior),而是一种行为类型(a categorical behavior),具体包括同事之间共同解决问题、共享工作文档、交流工作经验等形式。

2. 理论模型与研究假设

(1) 人情取向与互惠动机。

在本章中,"人情"被界定为人际关系层面的概念,是指人与人之间相处的社会规范,而这种社会规范的核心是"报"的规范(Hwang,1987)①。"报"普遍存在于人类社会,是在受之于他人恩惠和帮助后,为了避免"欠人情"而给予施恩者的回报行为。"投之以桃,报之以李","滴水之恩当涌泉相报"等正是中国社会中人际交往遵循的"人情法则",类似于社会交换理论中的互惠原则。互惠是指个体当下的行为是为了获得后期他人的帮助,属于一种典型的外生行为动机。可以说,人们之所以"做人情"的主要目的之一是为了在不久的将来得到别人的预期回报,并与他人建立长期互惠互利的人际关系。由于知识共享被认为是一种社会交换行为,需要依靠人情来维持。因此可以推断,在知识共享情境下,人情取向较高的员工会认为自己在当下对他人贡献和分享知识的情况下,可以放心地期待对方是欠了自己的人情,出于互惠回报的动机,对方必然会在将来的某一时刻给予等值的知识回报,自己与其他同事之间的联系与合作同时也得到加强。正是基于对此种互惠回报的预期,知识拥有者才愿意给他人"送人情"。基于上述分析,本节提出假设:

H1′:人际关系人情取向对个体互惠动机具有积极影响。

---

① Hwang K. K.. Face and favor: the Chinese power game [J]. *American Journal of Sociology*,1987,92(4):944-974.

(2) 和谐取向与助人愉悦动机。

中国传统的儒家文化提倡"凡事以和为贵",即以"和谐"作为中国人处理人际关系的基本准则。根据梁觉等人(Leung et al.,2002)①的观点,和谐并不仅是简单地规避人际冲突和矛盾,更提倡能够促进人与人之间建立和谐关系的积极行为,基于价值观的和谐精神是以信任、团结和互助为核心内涵的。彼此充满真诚、相互信任、友好互助的和谐人际关系是知识共享行为的必要前提,同时在追求此类和谐关系的价值观指引下,组织内部成员通常会感受到自己与其他成员有着共同的利益和目标诉求,从而将他人的利益视为自己的利益,由此产生"利他"的动机,即本章中所指的助人愉悦感。助人愉悦感是个体在无私助人的过程中获得的快乐、幸福、满足等一系列积极、正面的精神感受。从组织公民行为的视角出发,奥根(Organ,1998)②将其定义为纯粹旨在帮助他人而非图谋私人回报,并且无条件自由承担责任的行为动机,它是一种获取内心愉悦感和满足感的内生行为动机。利他不仅仅意味着牺牲和奉献,利他的同时也可以更好地利己。因此,基于利他主义的助人愉悦动机对于化解人际冲突,构建和谐人际关系具有重要的意义。可以推断,在知识共享情境下,和谐取向较高的组织成员出于对和谐人际关系的追求,具有更强的帮助他人(共享自己拥有的知识,解决工作难题等)的义务感,并从中不求回报地获得身心愉悦。基于上述分析,本

---

① Leung K., Koch P.T., Lu L. A dualistic model of harmony and its implications for conflict management in Asia [J]. *Asia Pacific Journal of Management*, 2002, 19(2-3):201-220.

② Organ D.W.. *Organizational Citizenship Behavior: The Good Soldier Syndrome* [M]. Lexington, MA: Lexington Books, 1988.

节提出假设：

H2'：人际关系和谐取向对个体助人愉悦动机具有积极影响。

（3）互惠、助人愉悦与知识共享行为。

在社会交换中，互惠被视为是一种非常重要的促使个体参与交换的原因（Blau，1964）①，并对个体的合作性行为产生积极的影响。由于知识共享是一种难以议价的不确定性交换，因此互惠已成为个体参与知识共享的重要动机因素（Bock et al.，2005②；Kankanhalli et al.，2005③；Lin，2007④）。互惠之所以能发挥功效，是因为个体期待自己的善意行为（即与他人共享知识）可以换取他人未来的善意回报；反之同理，个体也会担心自身恶意的行为（匿藏知识）可能遭致他人未来恶意的报复。用中国传统文化表述即为"善有善报，恶有恶报"。个体之所以会与他人共享知识往往是为了获得"善报"，避免"恶报"，而并非一定对知识共享行为本身存有喜好；出于情感"屈从"或"亲社会"的心理，个体会发生他人期望的知识共享行为，以实现与他人的长期合作。

在大部分组织中知识共享行为并不属于员工的常规职责范畴，而知识共享可以满足他人的知识需求并且帮助他人解决工作上的

①　Blau P. M.. *Exchange and Power in Social Life* ［M］. New York: Transaction Publishers，1964.

②　Bock G.W.，Zmud R.W.，Kim Y.G. et al. Behavioral Intention Formation in Knowledge Sharing: Examining the Roles of Extrinsic Motivators，Social-psychological Forces，and Organizational Climate ［J］. *MIS Quarterly*，2005，29(1):87-111.

③　Kankanhalli A.，Tan B.C.Y.，Wei K.K.. Contributing Knowledge to Electronic Knowledge Repositories: An Empirical Investigation ［J］. *MIS Quarterly*，2005，29(1):113-143.

④　Lin C.P.. To share or not to share: modeling tacit knowledge sharing，its mediators and antecedents ［J］. *Journal of Business Ethics*，2007，70(4):411-428.

难题,所以个体往往会将知识共享视为一种助人行为。个体之所以会产生助人行为,往往是出于对组织或他人利益的考虑,而非自利的考虑。在利他主义的驱动下,个体会自发地产生一种责任感或义务感,自愿帮助他人而并不是期望能从中获取任何外界回报。在知识共享领域,部分学者(如:Kang et al., 2010①; Hsu & Lin, 2008②; Lin, 2007③)已关注到助人愉悦感(或利他主义)的积极效用,并提出个体之所以会共享知识,是因为他们认为帮助他人解决工作的难题是一种有趣的挑战性的行为,并且能够帮助他人会使得他们自我感觉良好(make them feel good)。可见,个体参与知识共享的主要动机之一是获得助人的愉悦感。换言之,如果个体期望从知识共享中获得助人的愉悦感,他们会积极地产生共享知识的行为。

可见,高层次的需要是行为的驱动力,互惠的人际交往、助人愉悦感这些高层次的需要,正是知识共享的动机所在。基于上述分析,本节提出假设:

H3′:互惠动机对个体知识共享行为具有积极影响,并在人情取向影响知识共享行为中发挥中介作用;

H4′:助人愉悦感对个体知识共享行为具有积极影响,并在和谐取向影响知识共享行为中发挥中介作用。

综上,此处我们研究的理论模型如图 4-2 所示:

---

① Kang M., Kim Y.G., Bock G.W.. Identifying different antecedents for closed vs open knowledge transfer [J]. *Journal of Information Science*, 2010, 36(5):585-602.

② Hsu C.L., Lin J.C.C.. Acceptance of blog usage: the roles of technology acceptance, social influence and knowledge sharing motivation [J]. *Information & Management*, 2008, 45(1):65-74.

③ Lin C.P.. To share or not to share: modeling tacit knowledge sharing, its mediators and antecedents [J]. *Journal of Business Ethics*, 2007, 70(4):411-428.

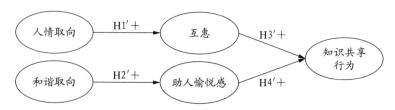

图 4-2　人情取向、和谐取向影响个体知识共享行为的理论模型

3. 量表设计与数据采集

此处的五个变量"人情取向、和谐取向、互惠、助人愉悦感以及知识共享行为"均采用西方文献中发展成熟、国内外研究中运用广泛,并且具有较高信度、效度的测量量表。为了提高这些量表在中国情境下的适用性,我们分别对研究变量的各条目依次进行中、英文双向翻译,对于翻译结果中存在较大分歧的条目,请教了组织行为学领域的资深专家,根据他们的建议进行修改。

最终形成的调查问卷包括三个部分:(1)说明此次调研的目的和内容,问卷填写中的注意事项,并向受访者承诺调查结果仅用于学术研究,不以任何形式对外泄露;(2)问卷主体部分分别对五个变量展开测量,每个条目采用李克特量表 7 等级计分,"1"表示"完全不符合","7"表示"完全符合",请受访人员根据自己的实际工作经历做出相应评判;(3)被调查者的基本信息包括:性别、年龄、受教育程度、工作年限等个人背景资料。

（1）知识共享行为。

根据理性行为理论,个体意愿与行为之间存在必然的相关性。此处我们采用博克等人(Bock et al.,2005)①分别从隐性知识和显

---

① Bock G.W., Zmud R.W., Kim Y.G. et al. Behavioral intention formation in knowledge sharing: examining the roles of extrinsic motivators, social-psychological forces, and organizational climate [J]. *MIS Quarterly*, 2005, 29(1):87-111.

性知识两个方面对知识共享意愿开发的量表,其中显性知识共享意愿有 2 个题项(Cronbach α 系数为 0.92),隐性知识共享意愿有 3 个题项(Cronbach α 系数为 0.93),并将原题项中的"我愿意"改为"我会",从而代表此处研究所需测量的行为变量。

(2)互惠。

在知识管理情境中,互惠关系特指知识源在共享知识后,期待在未来自己需要时,他人也能积极响应,满足自己的知识需求。本节对互惠的测量拟采用博克等人(Bock et al., 2005)①的量表,该量表共包含 5 个题项(Cronbach α 系数为 0.92)。

(3)助人愉悦感。

此处我们采用切纳马纳尼(Chennamaneni, 2006)②在研究个体知识共享行为的决定因素时沿用的瓦斯克和法拉杰(Wasko & Faraj, 2000)③对助人愉悦感开发的量表,共 5 个题项(Cronbach α 系数为 0.95)。

(4)人情取向。

虽然华人学者对"人情"的理论研究开始已久,但实证研究还很少见,对人情取向的测量工具也相应较少。此处我们对人情取向的测量拟采用钱等人(Qian et al., 2007)④开发的人情量表,共 4 个题

① Bock G.W., Zmud R.W., Kim Y.G. et al. Behavioral intention formation in knowledge sharing: examining the roles of extrinsic motivators, social-psychological forces, and organizational climate [J]. *MIS Quarterly*, 2005, 29(1):87-111.

② Chennamaneni A.. *Determinants of Knowledge Sharing Behaviors: Developing and Testing an Integrated* [D]. *Theoretical Model*, The University of Texas at Arlington, 2006.

③ Wasko M M, Faraj S. "It is what one does": why people participate and help others in electronic communities of practice [J]. *The Journal of Strategic Information Systems*, 2000, 9(2):155-173.

④ Qian W., Razzaque M.A., Keng K.A.. Chinese cultural values and gift-giving behavior [J]. *Journal of Consumer Marketing*, 2007, 24(4):214-228.

项(Cronbach α 系数为 0.81)。

(5)和谐取向。

近来的研究者对和谐取向的研究侧重于多维度的探讨,并开发了相应的测量量表。此处我们关注的和谐取向接近于价值观型的和谐,拟采用王保国(2010)①在前人基础上综合形成的适用于知识共享情境的和谐量表,共 6 个题项(Cronbach α 系数为 0.78)。

(6)控制变量。

在组织行为领域的研究中,通常将员工的人口特征作为重要的控制变量。此处我们研究的控制变量包括受访人员的性别、年龄、受教育程度、工作年限和职位等级。

我们的研究采用问卷调查的方式收集数据,自 2012 年 11 月至 2013 年 6 月期间在江苏南京、苏州、常州等地的 14 家高新技术企业发放问卷。调查对象全部来自这些企业研发部门(团队)的正式工作人员,共 436 名。问卷以匿名形式由调查人员自行到企业进行现场发放、现场收回,共收回问卷 389 份,回收率达 89.2%。经剔除无效处理,最终得到有效问卷 276 份,实际回收有效率为 71.0%。

在有效问卷中,男性比例为 64.1%,女性比例为 35.9%;多数被调查对象年龄介于 26~35 岁之间,占样本总数的 64.2%;多数被调查对象的职称等级集中在初、中级,占样本总数的 80.4%;多数被调查对象工作年限介于 1~6 年,占样本总数的 62.0%;在学历教育方面,专科毕业的比例为 4.3%,本科毕业的比例为 63.1%,研究生毕业的比例为 32.6%。

---

① 王保国.中国文化因素对知识共享、员工创造力的影响研究[D].浙江大学,2010.

4. 实证检验

（1）量表信度与效度检验。

我们的研究以 Cronbach α 系数作为量表信度评价的指标。一般认为，该系数如果大于 0.7 则为高信度，表示各因子具有较好的内部一致性。我们对有效样本的研究变量进行信度分析，各变量的信度如表 4-2 所示，均在 0.7 以上，说明各因子的测量均具有良好的内部一致性。

表 4-2 信度分析

变 量	题项数	Cronbach α 系数
人情取向	4	0.77
和谐取向	6	0.78
互 惠	5	0.97
助人愉悦感	5	0.93
知识共享行为	5	0.93

我们的研究运用 SPSS17.0 和 AMOS17.0 分别对 5 个研究变量及题项进行探索性和验证性因子分析，以检验测量工具的效度。

首先通过主成分分析法，对全部测量条目进行探索性因子分析。分析结果表明，KMO 值为 0.855，Bartlett 球形检验值为 2 128.651（p＜0.001），适合做因子分析。以正交旋转提取出 5 个因子（Eigenvalue 大于 1），各因子的载荷系数在 0.627～0.888 之间，5 个因子累积方差解释的比率为 67.19%，提取出的 5 个因子正好对应人情取向、和谐取向、互惠、助人愉悦感、知识共享行为这五个研究变量，说明量表初步具备较好的建构效度。此外，第一个因子解释了总方差的 36.23%，根据哈曼（Harman）的观点，如果只得到一个因子或第一个因子的解释的变异量超过 40%，则表明存在严重

的共同方法变异问题,反之,表明同源反差问题不严重。同时,我们
采用容忍度和 VIF 进行检验,发现相关变量的容忍度(接近 1)、VIF
值(小于 2)都在可接受范围内,表明我们的研究多重共线性问题不
严重。

在验证性因子分析中,我们的研究由人情取向、和谐取向、互
惠、助人愉悦感、知识共享行为 5 个因子构建的研究模型中,拟合指
数:$\chi^2 = 527.4$, $df = 242$, $\chi^2/df = 2.17$; RMSEA $= 0.074$; GFI $=$
0.903; CFI $=0.917$; IFI $=0.917$(χ^2/df 最好小于 2.5, RMSEA 最好
小于 0.08, GFI、CFI、IFI 最好大于 0.90)。综合以上各类评价指
标,我们构建的模型整体拟合效果较好。

(2) 模型假设检验。

结构模型旨在描述潜变量间的关系。我们的研究采用结构方
程模型对结构模型以及 $H1' \sim H4'$ 进行了检验,参数估计采用极大
似然法,使用的软件为 AMOS 17.0,检验结果如图 4-3 所示:

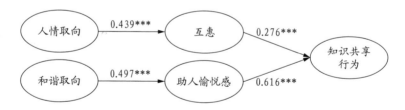

注:CMIN $= 548$, DF $= 247$, CMIN/DF $= 2.22$; RMSEA $= 0.066$; GFI $=$
0.921; CFI $= 0.942$; IFI $= 0.942$。
*** 表示 $p < 0.001$。

图 4-3　理论模型与研究假设的 SEM 检验结果

由图 4-3 可知,结构模型的 CMIN/DF $= 2.22$,低于标准阈值
2.5; RMSEA $= 0.066$,低于标准阈值 0.08; GFI $= 0.921$, CFI $=$

0.942，IFI＝0.942，均大于标准阈值 0.9。由此可见，模型的整体拟合度良好，模型可以接受。H1$'$～H4$'$的检验结果如下，人情取向与互惠动机的路径系数为 0.439，和谐取向与助人愉悦感的路径系数为 0.497，且均为显著，说明 H1$'$和 H2$'$得到了支持；互惠和助人愉悦感与知识共享行为之间的路径系数分别为 0.276 和 0.616，且均为显著，说明互惠动机和助人愉悦感对个体知识共享行为均具有显著的积极影响。

为了进一步验证本节假设 H3$'$、H4$'$中提到的互惠和助人愉悦感的中介效应，我们采用层级回归的方法，按照步骤分别检验"人情取向—互惠—知识共享行为"以及"和谐取向—助人愉悦感—知识共享行为"这两条影响路径。

对于互惠动机中介作用的检验，本节参照巴伦和肯尼（Baron & Kenny，1986）[①]建议的方法，中介效应生效必须同时符合三个条件：第一，自变量对因变量效应显著；第二，自变量对假设的中介变量效应显著；第三，当中介变量放入研究模型后，自变量对因变量效应的显著程度减弱（部分中介效应）或不显著（完全中介效应）。表 4-3 的模型 2、模型 5 和模型 3 正是对应这三个条件的中介作用检验。由表 4-3 可见，模型 2 和模型 5 分别说明了人情取向对知识共享行为和互惠动机都具有显著的正相关。从模型 3 的中介作用回归结果可以发现，当作为假设中介变量的互惠加入到回归方程中后，人情取向对知识共享行为的效应由 $\beta= 0.332$（$p < 0.01$）变为不显著相关，同时中介变量互惠和知识共享行为显著正相关

---

① 　 Baron R.M.，Kenny D.A.. The moderator-mediator variable distinction in social psychological research: conceptual strategic and statistical considerations［J］. *Journal of Personality and Social Psychology*，1986，51(6):1173-1182.

（β＝0.680，p＜0.001）。经验证，互惠动机在人情取向和知识共享
行为之间发挥完全中介作用，说明假设 H3′得到支持。

表4-3　人情取向、互惠动机与知识共享行为的回归分析

变　量	知识共享行为			互　惠	
	模型 1	模型 2	模型 3	模型 4	模型 5
控制变量					
性别	0.139	0.138	0.093	0.067	0.066
年龄	0.037	0.032	−0.042	0.114	0.109
职位等级	0.129	0.100	0.136	−0.026	−0.052
受教育程度	0.057	0.083	−0.001	0.099	0.124
工作年限	−0.344	−0.314	−0.213	−0.176	−0.148
ΔR^2	0.116			0.037	
自变量					
人情取向		0.332**	0.122		0.307**
ΔR^2		0.109			0.094
中介变量					
互惠			0.680***		
ΔR^2			0.403		
调整后的 R^2	0.065	0.170	0.597	−0.019	0.069
ΔF	2.255	11.963**	90.846***	0.655	9.158**

注：* p＜0.05，** p＜0.01，*** p＜0.001，表中为标准化回归系数。

助人愉悦感中介作用的检验步骤与上述相似。同样的，在
表4-4中，模型2、模型5和模型3对应着助人愉悦感中介作用的三
项检验步骤。模型2和模型5说明了和谐取向对知识共享行为和
助人愉悦感的显著正相关关系。模型3的中介作用回归结果可以
发现，当作为假设中介变量的助人愉悦感加入到回归方程中后，和
谐取向对知识共享行为的效应由β＝0.326（p＜0.01）变为不显著相

关,同时中介变量助人愉悦感和知识共享行为显著正相关
($\beta = 0.741$,$p < 0.001$)。因此,助人愉悦感在和谐取向和知识共享
行为之间发挥完全中介作用,即假设 H4$'$ 也得到验证。

表4-4　和谐取向、助人愉悦感与知识共享行为的回归分析

变　　量	知识共享行为			助人愉悦感	
	模型1	模型2	模型3	模型4	模型5
控制变量					
性别	0.139	0.160	0.074	0.093	0.116
年龄	0.037	−0.029	0.027	−0.003	−0.075
职位等级	0.129	0.218	0.136	0.013	0.111
受教育程度	0.057	0.017	0.013	0.048	0.005
工作年限	−0.344	−0.371	−0.227	−0.165	−0.195
ΔR^2	0.116			0.044	
自变量					
和谐取向		0.326**	0.064		0.354**
ΔR^2		0.099			0.117
中介变量					
助人愉悦感			0.741***		
ΔR^2			0.461		
调整后的 R^2	0.065	0.159	0.675	−0.012	0.161
ΔF	2.255	10.714**	119.200***	0.792	11.833**

注:$* p < 0.05$,$** p < 0.01$,$*** p < 0.001$,表中为标准化回归系数。

5. 结论分析

假设 H1$'$ 和 H3$'$ 成立,说明了在知识共享情境下,作为文化价
值观的人情取向对个体知识共享行为及其外生的互惠动机均具有
积极影响,同时互惠动机在人情取向引导人们知识共享行为过程中
发挥完全中介作用。同样的,假设 H2$'$ 和 H4$'$ 得到验证也说明了,

人际和谐取向对个体知识共享行为及其内生的助人愉悦动机均具有积极影响,助人愉悦感在和谐取向影响个体知识共享行为过程中发挥了完全中介的效应。由此可见,文化价值观取向通过对个体(内生或外生)动机的塑造从而影响实际行为的发生这一作用路径在知识共享情境下得到验证。同时,不同维度和内涵的文化价值观取向影响知识共享行为的动机机制可能存在差异,有助于深入理解中国本土企业中员工知识共享行为背后的文化根源及其作用机制。

4.4　非正式制度视角下的国家文化管理

结合上文关于"文化价值观—共享动机—知识共享行为"的实证研究结论,我们认为,从国家文化视角开展企业内部的知识共享活动可以实施的管理对策为:针对企业员工的文化价值观取向,在人力资源、组织氛围、组织结构等具体的管理过程中进行措施干预。

通过对前人理论与实证研究的回顾,以及我们基于个体文化价值观取向的知识共享实证研究的开展,已经充分认识到国家文化因素对企业员工知识共享行为的重要性。可以说,国家文化因素效应的发挥关系到在特定文化情境中组织知识管理实践的成败。具体到中国本土的文化情境中,有些国家文化因素有利于促进员工的知识共享行为,例如:集体主义、重关系、讲人情、追求和谐等个体文化价值观倾向;但也有些国家文化因素确实是中国企业员工开展知识共享活动的阻碍,如:圈子、怕丢面子、等级观念等。

我们得到的实证结论对于企业管理实践具有现实的指导意义。一方面,研究者通常认为一个人的文化价值观取向属于抽象概念,其形成是受到个体所处社会文化背景、历史传统以及个人成长经历等因素深入影响的。为此,我国的企业管理者在人力资源管理实践上,可以根据本企业的实际需求,将这些文化价值观因素作为员工甄选入职、岗位设置、团队组建、薪酬考核等管理实践的标准和依据,努力实现员工个体价值观与组织价值观的匹配,提高员工工作积极性和对组织的认同度,从而增强知识在组织内部的吸收与传递。

另一方面,更为重要的是,组织中成员的文化价值观也未必是一成不变的,往往会受到组织氛围或团队规范等因素的感染而发生变化,虽然这样的改变不是瞬间的,但却是组织从长期考虑可以进行措施干预的,组织需要制定相关管理措施引导有利于员工积极共享知识的价值观的凝练和塑造。管理实践者可以尝试在组织氛围营造、组织结构调整等的管理过程中加强对有利于企业发展所需的员工文化价值观进行引导,采取积极措施发挥中国本土文化因素对员工知识共享的积极效应,避免这些因素对知识共享及创新的消极效应。具体而言,管理者可以分别从以下几个方面着手进行:

第一,建立良好的人际关系网络和人际信任。

长久以来,强调人际关系的合理安排一直被认为是中国文化最显著的特性之一。在关系导向的传统文化情境下,知识共享这一人际互动和沟通行为变得更为复杂。作为组织的管理者,不仅需要通过各种正式的工作安排和团队建设提高员工的合作意识,从而增强他们之间的工具性关系,更应该通过组织文化建设和开展非工作形式的组织生活为员工在工作以外创造更多相互了解、友好沟通、彼此关爱的机会,帮助员工建立和维持良好的人际关系网络,促进他们情感性关系的建立和发展。因为在中国社会中,情感性关系相比工具性关系更能真正提高员工的知识共享积极性。此外,信任在人际关系发挥作用的过程中起着关键作用,管理者应该塑造一个信任开放的组织氛围,通过有效的沟通机制提高员工间的人际信任程度。

第二,发挥"挣面子"的积极效应,消除怕丢面子的消极效应。

深受儒家文化传统的影响,中国人的"面子"需求是他们思想和行动的出发点。在知识共享情境中,由于挣面子和害怕丢面子对于知识共享行为起着完全相反的作用,因此管理者应该试图寻找方法努力发挥挣面子的积极效应,消除怕丢面子的消极效应。例如,管理者可以考虑给予员工更多非货币形式的激励以激发员工通过共享知识而争得面子,开展"头脑风暴"、撰写工作日记等活动推动企业内部知识共享文化的建设以减少员工怕丢面子的行为倾向。针对在线知识共享虚拟社区的建设而言,管理者可以考虑在知识共享网络界面设计时允许匿名共享形式的存在,以避免怕丢面子行为倾向而引起的隐性知识得不到共享;同时,可以设置"投票"方式选取受到大多数员工高度运用的知识条目以满足知识贡献者"挣面子"的需求。

第三,建立和谐的组织氛围,倡导"和而不同"的共享精神。

追求和谐的人际关系是中国人传统的价值观导向。在组织内部,管理者应该努力创造和维持一个和谐的工作氛围,因为和谐的工作环境能够使员工在相互交流和沟通的过程中感到舒适和自由。但是,组织管理者应该格外注意避免制造出表面和谐的氛围。当组织的管理层过度强调和谐工作氛围及和谐人际关系时,中国的企业员工往往会为了迎合组织的需求和领导的要求表现出"一团和气"、

"天下太平"的表面和谐局面。事实上,组织开展的知识共享更多地需要组织员工能在公平、平等的环境中畅所欲言、集思广益,甚至更加鼓励员工提出与"大众"不同的意见,这样才真正有利于学习型组织的不断进步和完善,提高员工的创造力和组织的创新能力。为此,组织管理者在营造组织和谐氛围的同时,应积极倡导员工"和而不同"的共享精神和沟通方式。

第四,倡导"人情法则",发挥人情的积极作用。

在组织内部,知识共享是一种典型的社会交换活动,中国企业的员工通常在知识共享过程中以"人情法则"为准则开展社会交易和资源分配,并十分重视共享行为之后的"报"。即知识的拥有者因为施恩于他人,而产生一种"恩"的关系后,知识的接收者有义务进行回报,以恢复知识共享的双方主体之间关系的平衡。因此,组织管理者应当积极倡导人情法则,以促进知识共享的双方进行频繁的互动和交流,只有在"你来我往"的知识交换和转移过程中,组织的知识才能得到有效的积累和提升,有利于组织知识的创新。然而,倡导人情法则并不意味着可以忽视组织本身应该拥有的制度规范。组织管理者在制定和实施相关制度时,应当尽可能做到"情"(人情)与"法"(制度)的统一平衡,发挥人情导向的积极作用,消除人情可能带来的负面影响。

第五,重视和尊重组织内的"圈子",加强圈内成员的协同工作。

中国文化具有强烈的"圈子"特征。在中国人的传统思想中,脱离群体的人往往是弱者,不被人信任,而圈内的成员关系对知识共享行为具有乘数效应。一个员工的知识共享反映了他对组织的忠诚度,以及乐于为组织成功而贡献自己知识的意愿。因此在中国的企业环境中,管理者需要创建一种利于有效促进知识共享的"圈子"

文化。对于企业中已经存在的"圈子",作为管理者更应给予充分的重视和尊重,并在鼓励组织成员进行知识共享时将针对团队层面而非个体的激励或惩罚措施作为辅助手段,从而加强圈内成员间的协同合作。此外,在中国的企业情境中,对员工的行为和绩效表现不适宜采取平辈评估(peer-based assessment)的方法,因为在集体主义文化影响下,圈内成员很难相互给予负面反馈,而客观给予和接收反馈是创造友好的知识共享环境的关键。

第六,培育集体主义意识,提高员工组织归属感。

中国社会历来重视社会利益和集体行动,在我国的各类企业中,集体主义文化倾向影响下的成员把对自我的理解和定位立足于和周围重要的人的互动之中,并且十分重视群体目标的达成和群体内部的和谐。为此,组织管理者应该努力提炼并宣传积极进取的组织目标,培育组织成员的集体主义意识,创造良好的组织形象以提高员工在组织内部的集体荣誉感和归属感。然而,在当今中国转型时期,员工的价值观往往并不是单一的,组织成员可能同时具备集体主义和个体主义的价值观导向。组织管理者应当客观认识个体主义和集体主义两种价值观导向的关系,努力使员工在追求个人目标和维持集体利益之间保持良性平衡,这样才能确保组织长远目标和群体利益的实现。

第七,提倡平等思想,弱化组织等级结构。

受垂直文化的影响,中国企业的员工往往具备根深蒂固的等级观念。在知识共享情境中,因职权、资历、年龄等因素而造成的不平等思想是阻碍员工积极参与知识共享活动的不利因素。尤其在面对面的知识共享情景中,中国企业的员工会更多地顾虑上级领导是否在场,自己的意见和观点是否会触犯到专家的权威,自己是否有资格在公众面前发言等,这些顾虑都会抑制员工大胆提出具有建设性的意见和观点。组织管理者应当鼓励员工摒弃等级观念,并尝试通过建立扁平化的组织结构,采取激励和授权型的领导风格,打破固有的职权等级,降低员工的等级倾向,从而使员工在组织内部能够真正、平等地畅所欲言,为组织知识的积累和创新做出贡献。

组织文化与知识共享

知识经济时代下的知识型员工不再像工业经济时代下的员工可以被轻易控制,单纯通过普通的激励机制和规章制度已不能完全保证员工知识共享的主动性与积极性。当简单粗暴的"命令和控制"方式已经不再有效时,组织就必须借助"指导和鼓舞"的方式,即通过组织文化来推动员工之间的知识共享。

与代表组织正式制度的组织激励不同,组织文化代表了组织内非正式的情境因素。由于个体知识共享行为总是嵌入于特定的组织情境之中,所以个体对待知识共享的态度势必会受到组织文化这一无形磁场的影响。米哈伊洛娃和哈钦斯(Michailova & Hutchings,2006)[①]认为,尤其在中国这样正处于转型期的国家,许多组织的正式制度尚且缺位,员工的工作行为主要受高度情境的文化导向,组织文化将对员工的知识共享态度、意愿和行为产生深远的影响。

像指纹和雪花一样,每一个组织都是独特的,组织拥有自己的历史、沟通模式、制度和动作程序、使命和愿景,这一切统合起来构

---

① Michailova S., Hutchings K.. National cultural influences on knowledge sharing: a comparison of china and russia [J]. *Journal of Management Studies*, 2006, 43 (3):383-405.

成了组织的独特文化。本章在对组织文化全面界定的基础上,介绍了组织文化对知识共享的影响功效和基于知识共享的组织文化特征,剖析并实证检验了组织文化对组织成员间知识共享的作用路径,继而提出了基于组织文化的知识共享治理对策,以期为我国企业知识共享实践提供理论指导和决策支持。

5.1 组织文化的界定

5.1.1 组织文化的定义

组织是按照一定的目的和形式而建构起来的社会集合体。由于每个组织都有自己特殊的环境条件和历史传统,也就形成自己独特的哲学信仰、意识形态、价值取向和行为方式,于是每一种组织也就沉淀了自己特定的组织文化。

由于组织文化的内涵十分丰富,因而学术界迄今尚未产生一个公认的组织文化定义。廖盈昇(1999)[①]认为在一个组织之中,组织文化是一种由其成员共同拥有的复杂信念及期望的行为模式;它代表着组织内部共同的哲学、信念、价值观及行为规范。罗宾斯(Robbins,1997)[②]认为组织文化是组织成员对于所属组织的认知以及组织成员对所属组织期望自身应有行为表现的认知。沙因(Schein,1992)[③]认为组织文化是一组被组织成员所共识的基本假

---

① 廖盈昇.企业文化对于知识管理应用之影响:国内企业之实证研究[D],台湾:嘉义,台湾中正大学资讯管理学系硕士论文,1999.

② 斯蒂芬·P.罗宾斯.组织行为学[M].北京:中国人民大学出版社,1997.

③ Schein E H. *Organizational Culture and Leadership* (Vol. 2nd Edition) [M]. San Francisco: Jossey-Bass, 1992.

设,由既存的组织成员在学习如何解决外部适应与内部整合问题时,经由创造、发现、总结、演化而成的;这组假设能契合实际需要且发挥良好的功效,并在遇到相关问题时,会将之当成正确的知觉、思考、感觉方式教导给新成员。霍夫斯泰德(Hofstede,1998)[1]认为,组织文化是一种集体的思维模式(具体体现为共享的规范和价值观),使得该组织内的成员有别于其他组织的成员。彼得洛克(Petrock,1990)[2]认为组织文化是组织在经营实践过程中所创造且形成的具有本组织特色的精神理念;它是构成企业或经营单位核心特性的一组规范、态度、价值和思维模式。这其中最为突出的是企业成员共享的价值观,也就是一种内在化的规范性信念,它能够指导成员的组织行为,有助于保持组织目标的一致性,提高员工的工作积极性。

提炼上述学者们的观点不难发现:组织文化是组织在长期的实践活动中所形成的并且为组织全体成员普遍认可和遵循的具有本组织特色的价值观念、团体意识、工作作风,行为规范、思维方式的总和,是所有成员应该具备的一种正确的感知、思考和处理问题的群体心智模式。

5.1.2 组织文化的功能

组织文化对组织成员的影响主要体现在如下四个方面:

1. 导向功能

组织文化的导向功能是指其对组织行为方向所起的显示和诱

---

① Hofstede G.. Identifying organizational subcultures: an empirical approach [J]. *The Journal of Management Studies*, 1998, 35(1):1-12.

② Petrock F.. Corporate culture enhances profits [J]. *HR Magazine*, 1990, 35 (11):64-66.

导。组织文化的概括、精粹、富有哲理性的语言明示着组织发展的目标和方向，这些语言经过长期持续的教育和潜移默化的灌输能够铭刻在广大成员的心中。组织文化建立的价值目标能够使成员自觉地把行为统一到组织所期望的方向上去。正如彼得斯和沃特曼所说，"在优秀的公司里，因为有鲜明的指导性价值观念，基层的员工在大多数情况下都知道自己应该做些什么和不应该做些什么"。

2. 凝聚功能

组织文化能够通过共同价值观和精神理念将不同的成员凝聚在一起，使得成员产生认同感和归属感；在组织的对外竞争中，其能促使个体凝聚于集体中，形成"命运共同体"，进而促进组织成员为了一个共同的目标，团结合作，努力工作。

3. 激励功能

组织文化是通过文化的塑造，使每个成员从内心深处自觉地产生献身精神、积极向上的思想观念及行为准则。组织文化会催生每个成员强烈的使命感和持久的驱策力，并成为成员自我激励的准绳，在组织成员心中持久地发挥作用，进而有效避免了传统激励方法的强制性与被动性以及由此引起的各种成员的短期行为和不良后果。

4. 约束功能

组织文化作为一种意义形成和控制机制，除了能够约束和塑造员工的行为态度、价值信念、伦理规范、道德观念、风俗习性、意识形态等，同时还有助于在组织内部营造和谐的工作氛围。组织文化就像润滑剂，可以有效促进组织内部关系和谐，规避组织成员间的利益冲突以及由个人习惯/偏好不同而产生的成员矛盾。由于组织文化倡导沟通、员工参与管理、团结互助，所以大大降低了不同成员之间以及成员与组织之间产生摩擦的可能性。

5.2 组织文化对知识共享的影响功效及特征

5.2.1 组织文化对知识共享的影响功效

在知识共享研究领域,组织文化的影响力一度引起学术界的关注,大量国内外学者的研究成果纷纷表明:组织文化是影响个体知识共享态度和意愿的重要因素。

在国外研究方面,巴克曼(Buckman,1998)[1]提出:使一个组织在知识共享和组织学习上成功的(因素),90%是由于有一个正确的组织文化。达文波特和普鲁萨克(Davenport & Prusak,1998)[2]认为,知识共享不是一个单纯的技术方案,而是一项复杂的系统工程,组织在实践知识共享之前,必须先建立起支持知识共享的文化环境。奥德尔和格雷森(O'Dell & Grayson,1998)[3]指出,适宜的组织文化是实现组织内部知识共享的重要驱动要素,良好的组织文化将自始至终对组织的知识共享和创新活动起着催生和引导的作用;反之,不良的组织文化则会对知识共享起到严重的阻碍作用。德隆和费伊(De Long & Fahey,2000)[4]认为,由于组织文化是全体员

① Buckman R.H.. Knowledge sharing at Buckman Labs [J]. *Journal of Business Strategy*, 1998.19(1):11-15.

② Davenport T., Prusak L.. *Working Knowledge: How Organization Manage What They Know* [M]. Boston: Harvard Business School Press, 1998.

③ O'Dell C., Grayson C.J.. If only we knew what we know: identification and transfer of internal best practices [J]. *California Management Review*, 1998, 40(3): 154-174.

④ De Long D., Fahey L.. Diagnosing cultural barriers to knowledge management [J]. *Academy of Management Executive*, 2000, 14(4):113-127.

工价值观、信念的深层次反映,因而它会深深地影响着企业员工知识选择的偏好以及知识分享的方式,进而显著影响组织内部知识的创造、转移和分享等环节。霍尔(Hall,2001)基于社会交换理论将知识共享视为组织内部的知识交换,提出组织文化是实现组织中知识交换的重要情景,组织内部的文化环境应与组织的知识共享相协调。阿拉维(Alavi et al.,2003)①认为,员工的知识共享行为在组织当中不会自发实现,需要特定的组织文化的引导。如果员工缺乏对知识共享文化的认同,就不会从行动上主动共享知识,自然也就难以自觉支持知识管理项目的实施。

在国内研究方面,阳大胜和陈搏(2005)②指出,我国组织知识共享严重缺乏效率的症结就在于共享文化的缺失。林慧丽等人(2007)③指出,成功的知识管理需要企业塑造一个知识共享导向型的文化基础,组织文化的各个层面都可能潜移默化地影响着组织成员对待知识的态度和其参与知识共享的效率。李纲和田鑫(2007)④提出,组织需要认真考虑组织文化对员工知识共享的影响功效,积极地推动文化变革,以更好地促进知识在企业内部成员间广泛的共享,从而在快速多变和激烈竞争的市场环境中保持长盛不

---

① Alavi M., Kanyworth T., Leidner D.E.. An empirical examination of the influence of organizational culture on knowledge management initiatives. Paper presented at the Presentation for KBE Distinguished Speaker Series, Queen's school of Business, 2003.

② 阳大胜,陈搏.我国知识管理严重缺乏效率的症结:共享文化缺失[J].广州市经济管理干部学院学报,2005,7(3):6-10.

③ 林慧丽,林文火,虞奇.企业文化与知识管理绩效相关性的案例研究[J].企业活力,2007,(9):61-63.

④ 李纲,田鑫.企业文化与企业内部隐性知识转移的关系研究[J].情报杂志,2007,(2):4-6.

衰。朱洪军等人(2008)①认为,在基于知识共享的文化价值观的指引下,组织成员之间会产生对彼此的信任,而成员间的信任可以有效降低知识共享的成本,并促进知识的有效转化。

除了理论分析以外,一些学者还采用案例研究的方式对组织文化与知识共享之间的关系展开了探索性研究,这些定性的理论研究均发现并支持:组织文化是影响知识共享成功的决定性因素,并且适宜的组织文化会对知识共享产生积极的影响。例如:巴克曼作为巴克曼实验室(Buckman Labs)的 CEO,在 1998 年曾发表了一篇关于巴克曼实验室如何实现知识共享的案例研究。该文受到了来自企业界和理论界的高度重视。在这篇文章中,巴克曼着重强调了知识管理信息系统和组织文化对实现知识共享的重要作用。在组织文化方面,巴克曼认为组织文化是组织成员知识共享行为的决定性前因变量之一,他尤其强调了巴克曼实验室的"不能容忍匿藏知识"的文化对知识共享的重要性。②继巴克曼之后,潘和斯卡伯勒(Pan & Scarbrough,1998)③从社会—技术(social-technical view)视角也对巴克曼实验室(Buckman Labs)的知识共享展开了规范化的案例研究。该研究表明,任何一个组织既有技术系统,也有社会系统,因此组织是社会与技术的统一。从这个视角出发,潘和斯卡伯勒(Pan & Scarbrough)进一步总结,组织的文化对于知识共享及技术系统的支撑作用。麦克德莫特和奥德尔(McDermott & O'Dell,

---

① 朱洪军,徐玖平.企业文化、知识共享及核心能力的相关性研究[J].科学学研究,2008,26(4):820-826.

② Buckman R.H.. Knowledge sharing at Buckman Labs [J]. *Journal of Business Strategy*, 1998, 19(1):11-15.

③ Pan S., Scarbrough H.. A socio-technical view of knowledge-sharing at Buckman Laboratories [J]. *Journal of Knowledge Management*, 1998, 2(1):55-66.

2001)对美国的五家企业展开了案例研究(American Management Systems，Ford Motor Company，Lotus Development Corporation，National Semiconductor Corp.，and PriceWaterhouse Coopers LLP)，这五家企业以"成功知识管理"著称,并且均被美国 APQC 中心鉴定为"将知识共享纳入组织文化"的先锋模范企业。麦克德莫特和奥德尔通过对这五家企业员工的面对面访谈,期望找寻哪些组织文化会促使企业知识共享的成功。最终,他们发现,这五家企业知识管理成功的秘诀在于他们所涉及的所有知识管理的活动均围绕他们既有的文化所展开,而不是与既有文化有冲突。这些组织的知识管理各项活动之所以得以顺利展开,是因为这些活动与组织早先的信念、价值观吻合。①魏丽(Li W.，2010)②对阿尔法公司员工在线知识共享的案例调研过程中发现,很多员工强调了阿尔法公司的团队文化、开放文化和社交文化(后被总结为友好的共享文化)会遏制员工匿藏知识的倾向。在公司共享文化的影响下,为了实现组织绩效或团队绩效最优的目标,员工一方面会主动与同事分享自己的知识,另一方面也会积极向同事寻求知识的帮助。

　　与此同时,一些针对企业知识管理实践的专业调查报告也显示,组织文化是影响知识管理或决定知识共享成败的重要因素。例如:阿拉维和莱德纳(Alavi & Leidner，1999)③针对美国企业知识管理应用所进行的调查结果表明,组织中知识共享的经验与知识管

---

①　McDemott R.，O'Dell C.. Overcoming cultural barriers to sharing knowledge [J]. *Journal of Knowledge Management*，2001，5(1):76-85.

②　Li W.. Virtual knowledge sharing in a cross-cultural context [J]. *Journal of Knowledge Management*，2010，14(1):38-50.

③　Alavi M.，Leidner，D. E.. Knowledge management system: issues，challenges，and benefits [J]. *Communications of the AIS*，1(7):1-37.

理的成功大部分跟组织文化相关,成功的知识管理必须依赖文化、管理、组织层面的配合。无独有偶,默廷斯等人(Mertins et al.,2004)进行了全球首次关于"知识管理未来"的德尔菲法调查,该调查报告显示:在阻碍企业知识共享的影响因素中,排在首位的就是组织文化。53％的被调查者认为组织文化是知识共享的最大制约因素,而排在其次的技术不成熟仅为20％①(如图 5-1 所示)。

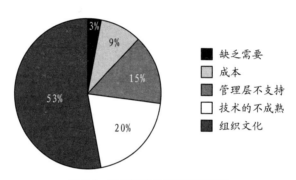

图 5-1 组织知识共享的障碍因素

基于上述理论研究、案例研究和专业调研不难得出一个共识,即:组织文化的确会对组织内部的知识共享产生显著且深远的影响。良好的组织文化的价值观被员工认可和接受之后,它就会成为一种黏合剂,把全体员工凝聚在组织目标之下,调动各种有利于知识共享的力量在知识应用、交流、共享与创新中产生巨大的向心力和凝聚力。通过这种凝聚作用,员工会把个人的思想感情和命运与组织的兴衰紧密联系起来,产生对组织的强烈的归属感,与组织同呼吸共命运。

---

① Mertins K., Heisig P., Vorbeck J..知识管理原理及最佳实践[M].北京:清华大学出版社,2004.

5.2.2　基于知识共享的组织文化特征

　　为了能促使知识在组织中畅通的流动,营造与知识共享相适宜的组织文化就显得尤为重要。对于"什么样的组织文化会促进知识共享",一些东西方学者的理论研究或工作论文给出了如下的一些定性的描述(详见表 5-1)。例如:达文波特和普鲁萨克(Davenport & Prusak, 1998)①指出,基于知识共享的组织文化包含的特征有"容许失败、鼓励寻求帮助,以及对知识是组织共有财产的信念"。格拉瑟(Glasser, 1998)②提出,成功的知识共享依赖于组织内部信任文化与合作文化的建设。马丁(Martin, 2000)③认为,知识导向型文化的主要特征有"信任、开放、认同和支持持续学习"。吴淑铃(2001)④提出了八个知识导向的组织文化,分别为:开放分享、自我更新、支持、创新、信任合作、和谐、专家主义以及自由沟通。左美云等(2004)⑤认为,"组织文化是否鼓励创新,是否容忍失误,是否重视发挥知识和人才的作用,是否支持个人关系网络的发展对知识共享影响甚大"。陈力等(2004)⑥认为,促进知识共享的组织文化应

① Davenport T. H., Prusak L.. *Working Knowledge: How Organizations Manage What They Know* [M]. Boston: Harvard Business Press, 1998.

② Glasser P.. The knowledge factor-knowledge management [J]. *CIO Magazine*, 12(6):108-114.

③ Martin B.. Knowledge management within the context of management: an evolving relationship [J]. *Singarpore Management Review*, 22(2):17-36.

④ 吴淑铃.企业特性、人力资源管理措施与知识导向文化关系之研究[D].台湾:高雄,台湾"中山大学"硕士论文,2001.

⑤ 左美云.企业信息化主体间的六类知识转移[J].计算机系统应用,2004,(8):72-74.

⑥ 陈力,宣国良,鲁若愚.基于知识分享的企业文化再造[J].中国科技论坛,2004,(4):118-120.

该是"一种信任与合作的文化、一种分享经验的文化，一种创新与支持的文化，一种鼓励良性摩擦的文化，一种鼓励学习的文化，一种以团队为核心的文化"。牟向荣(2005)①指出，面向知识共享的组织文化应具有"以人为本、营造开放、倡导团队协作和学习的特征"。李宝玲(2006)②认为，"学习型、共享型、创新型的现代组织文化会极大推进组织个体知识共享行为的发生"。林慧丽等人(2007)③对IT组织文化和知识共享绩效相关性的案例研究发现，开放分享、创新、学习、团队合作、和谐信任、提供信息等文化特征对组织内知识共享的绩效有着积极的作用。还有少数学者则从反面提出了一些阻碍知识共享的组织文化特征。例如奥德尔和格雷森(O'Dell & Grayson，1998)④认为，崇尚个体的经验和知识，缺乏人际交流，过渡重视显性知识而非隐性知识，提倡个体行为的组织结构安排，没有对个体的知识学习和知识共享进行奖励等文化表征不利于组织内部的知识分享。

表5-1　促进知识共享的组织文化元素

文化特征	来　　　源
以人为本	王金明和田利娟(2004)[1]、牟向荣(2005)[2]、白静(2006)[3]、李东才(2006)[4]、马俊(2007)[5]、万新安(2008)[6]
鼓励学习	Martin(2000)、吴淑铃(2001)、陈力等(2004)、张鹍和孙潇静(2004)[7]、王金明和田利娟(2004)[8]、牟向荣(2005)、张亮(2005)[9]、李宝玲(2006)[10]、白静(2006)、李东才(2006)、马俊(2007)、林慧丽等(2007)[11]、阎继宏(2008)[12]、万新安(2008)[13]

①　牟向荣.面向知识管理的企业文化创新[J].工会论坛,2005.11(6):60-61.
②　李宝玲.构建基于知识管理的现代企业文化[J].商业时代,2006,34:91-93.
③　林慧丽,林文火,虞奇.企业文化与知识管理绩效相关性的案例研究[J].企业活力,2007,(9):61-63.
④　O'Dell C.,Grayson C.J.. If only we knew what we know: identification and transfer of internal best practices [J]. *California Management Review*，1998，40(3):154-174.

文化特征	来　　源
开放沟通	Martin（2000）、吴淑铃（2001）、康奈利和凯洛维（Connelly & Kelloway，2003）[14]、牟向荣（2005）、白静（2006）、林慧丽等（2007）
和谐信任	Glasser(1998)、Martin(2000)、吴淑铃(2001)、左美云等(2004)、陈力等(2004)、张鹏和孙潇静（2004）、王金明和田利娟（2004）、张亮（2005）、李东才（2006）、马俊（2007）、林慧丽等（2007）、阎继宏（2008）、万新安(2008)
创新和变革	吴淑铃(2001)、左美云等（2004）、陈力等（2004）、张鹏和孙潇静（2004）、王金明和田利娟(2004)、张亮(2005)、李东才(2006)、李宝玲(2006)、林慧丽等(2007)、万新安(2008)、阎继宏(2008)、陈明和周健明（2009）[15]
合作共享	Glasser(1998)、陈力等(2004)、张鹏和孙潇静(2004)、王金明和田利娟(2004)、张亮(2005)、李宝玲(2006)、白静(2006)、李东才(2006)、林慧丽等(2007)、万新安(2008)、阎继宏(2008)
容许失败	达文波特和普鲁萨克(Davenport & Prusak，1998)、左美云等(2004)

注:[1][8] 王金明，田利娟.试论知识管理与企业文化的转型[J].企业经济,2003，9:154-155.

[2] 牟向荣. 面向知识管理的企业文化创新[J].工会论坛，2005.11(6):60-61.

[3] 白静.基于知识管理的企业文化创新[J].商场现代化,2006，474(7):220-221.

[4] 李东才.基于知识管理的企业文化建设[J].管理观察,2006，1:63，64，53.

[5] 马俊.浅析知识管理与企业文化创新的内在联系[J].科技情报开发与经济，2007，17(12):251-252.

[6][13] 万新安.知识管理视野下的企业文化建设[J].国外建材科技,2008，29(3):136-139.

[7] 张鹏,孙潇静.建立符合知识管理要求的企业文化[J].电子商务世界,2004，6:44-46.

[9] 张亮.知识管理下的企业文化建设探析[J].市场周刊,2005，8:117-118.

[10] 李宝玲.构建基于知识管理的现代企业文化[J].商业时代,2006，34:91-93.

[11] 林慧丽,林文火,虞奇.企业文化与知识管理绩效相关性的案例研究[J].企业活力,2007，9:61-63.

[12] 阎继宏.基于知识管理的企业文化[J].北京石油管理干部学院学报,2008，2:73-75.

[14] Connelly C.E.，Kelloway K.. Predictors of employees' perceptions of knowledge sharing cultures [J]. *Leadership & Prganizational Development Journal*，2003，24(5/6):294-301.

[15] 陈明,周健明.企业文化、知识整合机制对企业间知识转移绩效的影响研究[J].科学学研究,2009，27(4):580-587.

除了笼统描述"哪些文化元素作用下个体会更加乐于且有效地进行知识共享"之外,一些学者借鉴前人对组织文化维度的划分,分析了不同维度下的组织文化对知识共享的影响功效。其中代表性的研究成果主要有:斯特普尔斯和耶尔文佩(Staples & Jarvenpaa,2000)、李纲和田鑫(2007)、福特(Ford,2004)。

斯特普尔斯和耶尔文佩(Staples & Jarvenpaa,2000)[①]借鉴霍夫斯泰德(Hofstede,1990)对组织文化的维度划分,将一般组织文化分为雇员导向与工作导向两种类型,其中雇员导向的组织文化更注重员工的需求和感受;而工作导向的组织文化则更注重工作的效率和效果。二人的研究结果表明,雇员导向的组织文化与知识共享之间存在显著的积极的正向关系。[②]

李纲和田鑫(2007)[③]借鉴奎因(Quinn,1988)的组织文化分类,将组织文化细分为市场型文化、宗族型文化、层级型文化和活力型文化四种类型。其中市场型企业文化是一种目标导向的文化,强调具有竞争性的长期目标并关心可测度目标的实现;宗族型文化是一种支撑型文化,关注客户和员工,强调组织内部的凝聚力和员工的士气;层级型文化是一种规则导向的文化,强调命令、控制、等级以及组织内部尽可能少的沟通;活力型文化是一种以创新为导向的文化,强调组织需营造一种以挑战、冒险和创造性为价值观的、有活力

---

① Jarvenpaa S.L., Staples D.S.. The use of collaborative electronic media for information sharing: an exploratory study of determinants [J]. *The Journal of Strategic Information Systems*, 2000, 9(2):129-154.

② Hofstede G., Neuijen B., Daval O.D. et al. Measuring organizational culture: A qualitative and quantitative study across twenty cases [J]. *Administrative Science Quarterly*, 1990, 35:286-316.

③ 李纲,田鑫.企业文化与企业内部隐性知识转移的关系研究[J].情报杂志, 2007, 2:4-6.

的人文工作环境。二人通过研究四种类型组织文化与隐性知识共享绩效的关系发现,宗族型和活力型组织文化有利于组织内部的隐性知识共享,而市场型和层级型组织文化则不利于组织内部的隐性知识共享。

福特(Ford,2004)①借鉴戈斐和琼斯(Goffee & Jones,1996)的组织文化分类,将笼统的组织文化划分为社交型文化和团结型文化两种类型。其中,社交型文化代表了一个组织内成员之间的友善程度;团结型文化代表了组织全体成员专注于组织共同目标并为之奋斗的努力程度。福特(Ford,2004)②认为,一方面由于社交型文化会培育个体的团队合作行为和组织公民行为,所以它有助于组织内部的知识共享;另一方面由于高度团结型的文化会带来高的个体行为绩效,所以它同样会积极促进个体间的知识共享。类似的研究结论在我国学者朱洪军和徐玖平的研究中也得到验证。朱洪军和徐玖平(2008)对组织文化、知识共享及核心能力的相关性研究中发现,社交型文化和团结型文化不仅对知识贡献具有显著的正面影响,而且也对知识收集也具有显著的正面影响。组织内和谐的人际交往能够增加知识交换的总量和降低知识交换的成本;而基于对组织价值观的认同所产生的团结凝聚力能够增强组织成员之间彼此的信任,进一步促进知识在企业内部充分自由的流动,使企业内部知识共享最大化;因此组织应充分重视社交型文化和团结型文化的建设。③

---

① ② Ford D. P.. *Knowledge Sharing: Seeking to Understand Intentions and Actual Sharing* [D]. Canada: Queen's University,2004.

③ 朱洪军,徐玖平.企业文化、知识共享及核心能力的相关性研究[J].科学学研究,2008,26(4):820-826.

5.3 组织文化对知识共享的作用路径与实证检验

尽管国内外学者普遍认同组织文化会显著影响个体的知识共享行为,适宜的组织文化会积极促进组织知识管理的绩效,然而在以往的相关研究中,学者们并未深入揭示组织文化会如何影响个体知识共享行为的发生。换而言之,组织文化对个体知识共享的作用路径尚属未知。组织如果期望将个体的私有知识完全转化为组织的共有知识,必须借助组织文化的软性管理,先获得个体的"心",才能获得个体的"脑"。因此,有关组织文化对知识共享的作用路径研究就显得十分必要,其不仅有助于解读在组织文化作用下个体知识共享态度和意愿转变的根源和程度,并且也助于组织更好地围绕自身知识共享实践对文化的建设或重塑。本节将对"组织文化如何对员工的知识共享态度、意愿与行为产生发挥影响作用"这一"黑箱"进行揭秘。

5.3.1 基础理论

1. 理性行为理论

如本书前面章节所述,在探索个体知识共享行为发生的研究中,理性行为理论(Theory of Reasoned Action,简称 TRA)是广受青睐的基础理论工具之一。基于 TRA,个体的知识共享态度决定了个体的知识共享意愿,而个体的知识共享意愿进一步决定了个体知识共享行为是否会现实发生。其中,个体的知识共享态度是指个体对知识共享持有的正面或负面的认知;个体的知识共享意愿是指个体愿意与他人共享知识的主观倾向程度;个体的知识共享行为是指在个体理性控制下的现实的知识共享行为。

虽然诸多学者采用了 TRA 来解释知识共享行为的发生机制,但遗憾的是,一些研究发现,由于 TRA 过于强调个体行为发生机制中的理性认知,所以导致了其对知识共享行为的预测力欠佳。[①]在现实中,知识共享既是一种经济驱动下的个体与组织之间的交换行为,也是一种社会驱动下的个体与同事之间的人际互动行为,因而个体知识共享行为的发生往往是理性认知与情感认知共同作用的结果。基于此,我们在沿用 TRA 的基础上,进一步融合了社会影响理论(Social Influence Theory,简称 SIT),力图从理性认知和情感认知两个视角来剖析个体知识共享发生的机制。

2. 社会影响理论

社会影响理论(SIT)的创始人凯尔曼(Kelman)认为,在不同社会影响因素的作用下,个体产生(或转变)某一行为态度的机制不同,而不同的产生(或转变)行为态度的机制进一步决定了个体持有某种行为态度的本质和后继行为发生的不同。[②]例如,在某些社会影响因素作用下,个体会对某一行为表现出表面上的"公众附和"(public conformity),但这种肤浅的行为态度转变纯粹是表面化的,个体的信念、价值观并未发生改变。但在另一些社会影响因素作用下,个体会发自内心的接受这一行为,这种改变是由内及外的,并且

---

① Becker T.E., Randall M., Riegel D.C.. The multidimensional view of commitment and the theory of reasoned action: a comparative evaluation [J]. *Journal of Management*, 1995, 21(4):617-638.

② Kelman H. C.. Compliance, identification, and internalization: three processes of attitude change [J]. *Journal of Conflict Resolution*, 1958, 2(1):51-60.

根植于个体的规范、信念和价值观。基于此，凯尔曼提出了 SIT 的一个重要前提假设：由于个体面临的社会影响因素不同，诱导个体改变态度（或接受新行为准则）的机制也不同，进而使得个体态度转变的程度和本质不同，并最终导致了个体后续行为绩效的不同。由此可见，只有在了解孕育态度转变的社会影响因素以及态度改变的不同机制过程之后，才能对个体态度改变的程度、持久性以及态度如何引导行为展开更为精准的预测。

基于 SIT，社会影响因素对个体态度的转变主要依赖于三种机制，分别为顺从（Compliance）、认同（Identification）和内化（Internalization）。

顺从是指个体为了从他人或组织获得友好的对待而接受外界代理人给予其的社会影响。个体采纳外界期望的行为并非是他相信行为本身的意义或内容，而是因为他希望从外界获得回报、赞赏或避免惩罚。因此，可以说个体之所以会"顺从"，是迫于社会影响的"压力"。例如，一些个体可能会倾力于表达某个组织内部达成共识的"正确"意见，以避免被组织解雇。再如，一些个体会在与自己密切相关人群接触的各种场合，"逼迫"自己去做出他人期望的行为，目的在于从他人获得"自己意料之中"的善意友好的回应。当个体是通过顺从这种机制而改变自己的行为态度时，那么他会愿意做出其他代理人希望他做的事情（或者他假想的其他代理人希望他做的事情）。他会认为，这么做可以从其他代理人那里获得自己想要的回报。问题的关键在于，他并非是出于行为本身的内容或意义而愿意采纳它，恰恰相反，他仅仅将履行行为视为是一种获得外界回报或避免惩罚的工具或手段。从本质上讲，个体学习的仅仅是在什么场合表现出外界代理人希望的言行，而与个体本身的价值、信仰无关。所以如果社会影响因素是通过"顺从"机制来转变个体的态度,那么只有个体的言行是在外界代理人监控的情况下,个体的态度才会真正转变为意愿和行为。

认同是指个体为了建立或维护自己与他人或组织良好的关系而接受外界代理人给予其的社会影响。通过"认同"机制,个体会尽可能说"其他代理人所说的",做"其他代理人所做的",相信"其他代理人所相信的",目的是为了把自己"包装"得和其他代理人一样以获得或维系与之的关系。因此,从本质上讲,此时个体采纳外界期望的行为准则仅是为了获得自身"想要的关系"(desired relationship),或者个体仅仅将履行行为视为是获得或维系所需关系的途径罢了。值得一提的是,通过"认同"机制,个体会认为自己从外界采纳的行为准则是正确的,但是个体并不会将其融入自身的价值体系;相反,个体会将这些"行为准则"独立起来(isolated from the rest of his values),作为特殊的一部分与自己原有的价值体系并存。

内化是指体认为外界代理人倡导的行为准则与自己已有的价值系统相吻合而自愿接受外界代理人给予其的社会影响。此时个体愿意接受行为准则是因为他发现这种行为有利于自身价值的最大化(例如,诱导行为有助于解决问题或与自己的需求相投)。一个典型的内化例子来自医护治疗:病人会接受医生对康复治疗的建议,是因为病人往往觉得医生是权威,医生的建议对自己的康复有益。通过内化机制而被个体接受的行为准则将被个体纳入既有的价值体系中,最终成为个体自己价值系统的一部分。

基于以上分析不难发现,顺从、认同和内化有着明显的区分性。

顺从作用下的个体态度转变依赖于代理人的监督,认同作用下的个体态度转变受到"与代理人关系"的牵绊,而内化作用下的个体态度转变与个体既有的基本价值体系相关。三种机制的具体异质性如表 5-2 所示。

表5-2　顺从、认同和内化的特质对比

对比维度	顺　　从	认　　同	内　　化
动机	获得奖励或避免惩罚	获得或维系情感	与自身价值体系是否相符,有助于自身价值优化
外界代理人特征	具有奖惩权	有吸引力(Attractiveness)	可信(Credibility)
态度转变的程度	个体将诱导行为视为工具或手段,而不会将其视为自己的真实信仰	个体将诱导行为作为新的内容与原有的价值系统"相加",作为"独立"部分与原有的价值系统并存	当个体将新的诱导行为与原有的价值系统"相融",并最终将其嵌入自身已有的价值体系之中
诱导行为发生的情境	个体行为受到时时监测	个体与组织或外界代理人关系亲密	只要客观条件允许就会自发产生,与行为是否受到监视或与代理人关系是否亲密无关

注:资料来源于凯尔曼(Kelman,1958)[1]的研究。

值得一提的是,凯尔曼认为,虽然三种社会影响改变个体行为态度的机制不同,但三者并非彼此排斥。因而在现实运作中,组织可以将三种机制兼而用之。

3. 修订的社会影响理论

继凯尔曼之后,文卡塔斯和戴维斯对 SIT 做了进一步修订,

---

[1] Kelman H. C.. Compliance, identification, and internalization: three processes of attitude change [J]. *Journal of Conflict Resolution*, 1958, 2(1):51-60.

提出了修订的社会影响理论（Modified Social Influence Theory,简称 MSIT）。文卡塔斯和戴维斯认为,诱发顺从与认同/内化的社会影响因素存在本质的不同。具体而言:顺从产生于控制型（Mandatory）的社会影响因素,顺从并不能改变个体的行为态度,但会直接改变个体的行为意愿。在控制型社会影响因素的作用下,个体迫于外界压力会愿意从事某种行为,但此时个体并非真心支持或赞同该行为（即个体对待该行为的态度并未发生转变）。而认同和内化产生于自愿型（Voluntary）的社会影响因素,会直接转变个体的行为态度,并通过态度的中介作用积极影响个体的行为意愿。

由此可见,控制型社会影响因素通过顺从机制会直接影响个体的行为意愿,但并不会改变个体的行为态度;此时个体行为的现实发生依赖于外界代理人的检控。自愿型社会影响因素通过认同/内化机制会直接转变个体的行为态度,进而间接影响个体的行为意愿;此时无论是在公开或私下场合,个体都会发自内心相信其接受的行为准则是正确的,并且都会愿意履行该行为。

修订后的 MSIT 不仅更为清晰地解释了在不同类型社会影响因素作用下,个体态度和意愿产生或改变的机理,并且有助于人们了解个体态度转变的本质和程度,进而为有效预测个体后续行为的发生提供了依据。

图 5-2　SIT 理论框架　　　　图 5-3　MSIT 理论框架

5.3.2　组织文化对知识共享作用路径的一般框架

由组织文化的内涵可知,组织文化是组织内个体共享的哲学、信念、价值观及规范。不同于有形的技术、制度、激励等组织正式性的控制手段,组织文化作为一种无形的场,侧重从精神或价值观层面对组织个体进行群体思维的灌输,其主要通过"价值引导→内在接受→外显行为"的过程来发挥其对个体行为的导向作用。因此组织文化是一种典型的组织用以规范个体行为的非正式性手段,代表了 MSIT 的自愿型社会影响因素。

基于 MSIT,自愿型社会影响因素主要通过认同和内化两种机制来转变个体的行为态度。推演到知识共享情境中,适宜的组织文化同样可通过认同机制和内化机制使得个体在潜移默化的过程中对组织倡导的知识共享行为产生心理共鸣。具体而言,适宜的组织文化会清晰暗示个体的知识共享行为是一种正确的并且是组织需要的行为;在认同机制的作用下,组织文化可让个体明白知识共享行为有助于维护自己与他人或组织的良好关系,此时个体就会欣然接受组织倡导的知识共享行为,并将其纳入自身的价值系统;与此同时,在内化机制的作用下,组织文化还会让个体感知到组织倡导的知识共享行为与自己已有的价值系统相吻合并且有利于自身价值的最大化,此时个体同样会发自内心地采纳并认同知识共享行为,并将共享知识行为视作自身价值系统的一部分。由此可见,适宜的组织文化可以通过认同机制和内化机制使得个体从内心深处自觉产生对知识共享的强烈责任感和持久驱动力,进而培育员工积极的知识共享态度。

进一步依据 TRA,个体的行为态度可以有效预测个体的行为意愿,当个体的行为态度越积极时,那么个体采取某项行为的意愿越强烈;而个体的行为意愿又进一步决定了个体行为的现实发生,换而言之,个体是先有了行为的意愿,才有了实际行为的发生。同理,推演到知识共享情境中,个体积极的知识共享态度会促使个体萌发强烈的知识共享意愿,进而最终促使个体自觉地产生知识共享行为。

　　基于上述逻辑推理,不难归纳出如图 5-4 所示的"组织文化对个体知识共享行为的一般作用路径"。

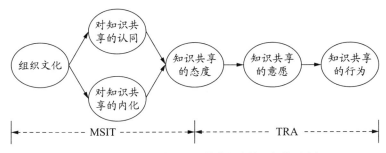

图 5-4　组织文化对个体知识共享行为的一般作用路径

5.3.3　组织文化对知识共享作用路径的实证检验

　　在探索组织文化与知识共享关系的相关研究中,有少数学者运用 MSIT 研究了组织文化对个体知识共享的作用机理。例如魏丽等人(Wei et al.,2008)[①]的研究指出,组织文化会通过个体承诺(顺从、认同和内化)影响个体知识共享的态度,并且他们认为顺从、认

---

①　Wei J., Stankosky M., Calabrese F. et al.. A framework for studying the impact of national culture on knowledge sharing motivation in virtual teams [J]. *The Journal of Information and Knowledge Management Systems*,2008,38(2):221-231.

同和内化在组织文化与个体知识共享的态度间起到了完全中介的作用,但遗憾的是,魏丽等(Wei et al.,2008)[①]的研究仅仅给出了理论模型,并未对该模型进行实证检验。为了检验上节中组织文化对知识共享影响机制的合理性,以及验证 MSIT 和 TRA 在知识共享情境的普适性,本节将通过问卷调研的实证方法为其提供实证论据。

1. 相关构念的界定

(1) 组织文化及其维度细分。

如第 5.2.2 节所述,学者们建议在组织文化内涵建设方面可以导入多种元素,如,以人为本、鼓励学习、开放沟通、和谐信任、创新变革、合作共享、容许失败等。但这些组织文化元素的表述相对比较笼统且零散,因而欠缺系统性和针对性。

为此,我们引用戈斐和琼斯(Goffee & Jones,1996)[②]的组织文化的经典分类,将笼统的组织文化划分为社交型文化和团结型文化两个维度,分别检验不同维度下的组织文化对知识共享的作用路径与影响功效。依据戈斐和琼斯(Goffee & Jones,1996)[③]的研究,社交型文化代表了一个组织内部成员之间的友善程度,团结型文化代表了组织全体成员专注于组织共同目标并为之奋斗的努力程度。从本质上来说,社交型文化是对组织内部人际情感的度量;在良好的人际关系作用下,成员之间倾向于分享彼此的观点、态度、兴趣乃

[①] Wei J., Stankosky M., Calabrese F. et al.. A framework for studying the impact of national culture on knowledge sharing motivation in virtual teams [J]. *The Journal of Information and Knowledge Management Systems*,2008,38(2):221-231.

[②③] Goffee R., Jones G.. What holds the modern company together? [J]. *Harvard Business Review*,1996,74(6):133-148.

至价值观,并且他们倾向于用彼此熟知的共同语言来表述。相比较之下,组织的团结型文化并没有那么多情感因素,团结型文化下的组织成员关系是基于彼此的共同任务、共同利益,以及使得所有成员都受益的共同目标。

(2) 知识共享的态度和知识共享的意愿。

笼统来讲,个体的行为态度是指个体对从事某一目标行为所持有的正面或负面的情感,它是由对行为结果的主要信念以及对这种结果重要程度的估计所决定的;个体的行为意愿是指个体打算从事某一特定行为的倾向程度。具体到知识管理情境中,知识共享态度特指个体对知识共享行为正面或负面的评价;知识共享意愿特指个体愿意与他人共享知识的主观倾向程度。

2. 理论模型与研究假设

(1) 社交型文化与认同机制。

戈斐和琼斯(Goffee & Jones,1996)①将社交型文化定义为组织中成员间人际关系的亲密程度。由于和谐的社交型文化不仅可以使个体工作身心愉悦,而且有助于培育良好的团队精神和高涨的工作士气,所以在高度社交型文化的组织中,个体往往非常看重和强调自己的"组织身份",并高度重视自己与组织其他成员之间的人际关系。因此,为了获得良好的人际关系以及维护自己的"组织身份",个体会尽可能展现出自己与组织其他成员的同质性,例如:个体会说组织其他成员所说的,作其他成员所做的,相信其他成员所相信的。由此可见,社交型文化会积极影响个体对外界倡导行为的

---

① Goffee R., Jones G.. What holds the modern company together? [J]. *Harvard Business Review*, 1996, 74(6):133-148.

认同；在社交型文化的作用下，个体高度渴望获得或维系自己与其他成员的人际关系，进而会积极采纳组织或其他成员倡导的行为。同理，推演到知识共享的具体情境中，社交型文化同样有助于个体认同知识共享行为。在高度社交型文化的情境中，个体为了表现出自身言行与其他成员的一致性，会欣然采纳组织倡导的知识共享行为；出于维系情感的需要，个体会自发产生对知识共享行为的认同。基于此，我们在此提出如下假设：

H1″：社交型文化会积极影响个体对知识共享行为的认同。

（2）团结型文化与内化机制。

团结型文化代表了组织成员对实现组织共同目标的专注与努力程度。与社交型文化不同，团结型文化并不涉及个体的情感因素；团结型文化下的成员关系是基于彼此共同的任务、共同的目标和共同的利益。戈斐和琼斯（Goffee & Jones，1996）①强调，高度团结型的文化并不是自发产生的，只有当组织清晰地表达并让成员理解共同目标下的个体自身利益，以及个体自身利益与组织集体利益是"一荣俱荣、一损俱损"时，高度团结的文化才会出现。由此不难推测，如果一个组织的文化表现出高度团结的特征，那么意味着该组织的成员清楚地知道"自己为了达成组织目标而发生的行为既对组织有益亦对自身有益"；此时个体会将组织目标视同为自己的个人目标。

我们认为，高度团结的文化会促进个体对组织倡导行为的内化。由上述内化机理可知，个体之所以会内化某种行为，是因为个

---

① Goffee R，Jones G.. What holds the modern company together? [J]. *Harvard Business Review*，1996，74(6):133-148.

体发现该行为与个体本身的价值系统相符,并且这种行为的发生会有助于实现个体自身价值最大化(Maximization of His Values,例如该行为会有助于解决个体面临的难题,满足个体的某种需求等)。换而言之,只有当个体重视某种行为的内容(Value The Content of The Behavior),并将该行为视为对自身价值有益时,内化才会产生。[1]在高度团结的文化情境中,由于个体清楚地知道组织倡导的行为不仅有利于组织整体利益,也会有利于自己的个人利益,在实现组织目标的同时亦会实现自身的价值优化,因此个体会积极内化组织倡导的行为。推演到知识共享的具体情境中,团结型文化同样会积极影响个体对知识共享行为的内化。在高度团结型文化的作用下,个体会将组织目标(即将个人知识转变为组织知识)视同为自己的个人目标(即与他人分享知识),并认为知识共享行为与自身的价值系统相符,进而积极内化知识共享行为。基于此,我们在此提出如下假设:

H2″:团结型文化会积极影响个体对知识共享行为的内化。

(3)认同、内化机制与知识共享态度。

由认同和内化的机理可知,认同是出于个体对维护与他人情感的需求,个体会愿意采纳他人期望的行为;内化是由于某种行为与个体本身的价值系统吻合,所以个体会将该行为纳入自己已有的价值系统,并视为是自身价值系统的一部分。

具体到知识共享情境中,不难发现:一方面,在认同作用下,个体会全盘接受"同伴们"倡导的知识共享行为,并将其纳入自身的价

---

① Kelman H. C.. Compliance, identification, and internalization: three processes of attitude change [J]. *Journal of Conflict Resolution*, 1958, 2(1):51-60.

值系统；此时个体会认为知识共享是一种正确的行为，进而对知识共享产生积极的态度。另一方面，在内化作用下，个体是发自内心地采纳并认同知识共享行为（而非迫于外界压力）；并且当个体将共享知识行为作为自身价值系统的一部分时，个体同样会认为知识共享行为是一种自发且正确的行为，进而会对知识共享行为产生积极的态度。值得注意的是，虽然在认同与内化作用下个体均会把知识共享行为视为自身价值系统的一部分，但二者对改变个体价值系统的方式并不相同。①认同是个体将知识共享作为新的内容与原有的价值系统"相加"，知识共享并不与个体原有价值系统发生交互或融合，而仅作为"独立"部分与原有的价值系统并存；内化是个体将知识共享与自身原有价值系统进行融合，并最终将知识共享"嵌入"到原有的价值系统中。②但无论是通过内化还是认同，知识共享都会成为个体价值系统的一部分，催生个体对知识共享行为产生的积极态度。基于此，我们在此提出如下假设：

H3″：个体对知识共享行为的认同会积极影响个体知识共享的态度。

H4″：个体对知识共享行为的内化会积极影响个体知识共享的态度。

（4）知识共享的态度与知识共享的意愿。

由 TRA 可知，个体的行为态度可以有效预测个体的行为意愿。③换而言之，当个体对某种行为持有的态度越积极时，个体发

---

①② Kelman H. C.. Compliance, identification, and internalization: three processes of attitude change [J]. *Journal of Conflict Resolution*, 1958, 2(1):51-60.

③ Fishbein M., Ajzen I.. *Belief, Attitude, Intention, and Behavior: An Introduction to Theory and Research* [M]. Reading, MA: Addison-Wesley Press, 1975.

生这种行为的意愿就会越强烈。在知识共享的研究领域,诸多学者的实证研究验证了个体知识共享的态度与个体知识共享的意愿之间存在显著的正向关系①、②。鉴于此,我们在此提出如下假设:

H5″:个体的非知识共享态度会积极影响个体的知识共享意愿。

综合上述研究假设,社交型文化和团结型文化影响个体知识共享的理论模型如图 5-5 所示。

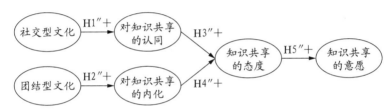

图 5-5　社交型文化和团结型文化影响个体知识共享的理论模型

3. 量表设计与数据采集

在量表设计方面,为了确保测量效度,所有构念的量表均源自相关研究的成熟量表。由于问卷填写是面向中国员工,所以我们对问卷进行了背对背的双语翻译,以确保中文量表能真实反映原始英文量表。

(1)知识共享意愿和知识共享态度。

通过比较已有的知识共享意愿、知识共享态度量表的信度,我

---

① Bock G.W., Kim Y.G.. Breaking the myths of rewards: an exploratory study of attitudes about knowledge sharing [J]. *Information Resources Management Journal*, 2002, 15(2):14-21.

② Kankanhalli A., Tan B. C. Y., Wei K. K.. Contributing knowledge to electronic repositories: an empirical investigation [J]. *MIS Quarterly*, 2005, 29(1): 113-143.

们选取了博克等(Bock et al., 2005)开发的量表①。其中,知识共享的意愿有 5 个测量题项,如"我愿意和其他同事更频繁地共享我的工作经验及体会"等;知识共享的态度有 5 个测量题项,如"我和其他同事共享知识是一种有益的行为"等。

(2) 认同和内化。

认同和内化的题项源自马尔霍特拉和加莱塔(Malhotra & Galletta,2003)②、黄和基姆(Hwang & Kim,2007)③的研究,并结合知识共享情境加以修订。其中认同有 3 个题项,如"作为一名组织成员,与他人共享知识我感到很自豪"等;内化有 3 个题项,如"我愿意与他人共享知识是因为知识共享对我而言非常重要"等。

(3) 社交型文化和团结型文化。

社交型文化和团结型文化的题项源自戈斐和琼斯(Goffee & Jones,1996)④的研究,其中社交型文化有 4 个题项,如"组织中的成员努力交朋友并保持密切的关系"等;团结型文化有 5 个题项,如"组织中的成员拥有共同的目标"等。

---

① Bock, G.W., Zmud, R.W., Kim, Y.G.. Behavioral intention formation in knowledge sharing examining the roles of extrinsic motivators, social-psychological forces, and organizational climate [J]. *MIS Quarterly*, 2005, 29(1):87-111.

② Malhotra Y., Galleta D.. Role of commitment and motivation in knowledge management systems implementation: theory, conceptualization, and measurement of antecedents of success [A]. Sprague R.H.. *Proceedings of 36th Hawaii International Conference on Systems Sciences* [C]. Los Alamitos, CA: IEEE Computer Society Press, 2003:36-62.

③ Hwang Y., Kim D.J.. Understanding affective commitment, collectivist culture, and social influence in relation to knowledge sharing in technology mediated learning [J]. *IEEE Transactions on Professional Communication*, 2007, 50(3):232-248.

④ Goffee R., Jones G.. What holds the modern company together? [J]. *Harvard Business Review*, 1996, 74(6):133-148.

另需说明的是,在此我们所有构念的测量均聚焦于个体层面。易引起争议的是,"从个体层面采集组织文化数据"是否合理。对此我们借鉴霍夫斯泰德等学者的观点做出如下解释:首先文化客观存在于个体、组织和国家等多个层面,当文化作为自变量预测个人层面上的结果变量时,文化应该在个体层次上测量;[①]其次就组织文化而言,每个组织成员对组织文化的理解和接受程度不同,用组织层面的组织文化整体得分去预测个体的行为态度和意愿显然是一种生态谬论。[②]

在数据采集方面,所有调研的被试者为来自江苏省 42 家高新技术企业的 1182 名知识型员工。之所以选择高新技术企业作为被调查组织,是因为这类企业呈现知识密集型特征,并且这类企业比其他企业更需要高效的知识管理。[③]另外,所有被试者均为企业的研发人员和职能管理人员,因为研发人员和职能管理人员分别是企业的专业知识和管理知识的代表,他们是典型的"用脑子服务于企业的个体"[④]。

正式调研自 2011 年 10 月起,于 2012 年 3 月终,历时半年。通过社会关系网络,我们联系到相关企业的高管;在征得高管同意的

---

① Hofstede G.. *Values Survey Modules Manual* [M]. Tilburg University, Tilburg, the Netherlands: IRIC, 1994.

② Hwang Y., Kim D.J.. Understanding affective commitment, collectivist culture, and social influence in relation to knowledge sharing in technology mediated learning [J]. *IEEE Transactions on Professional Communication*, 2007, 50(3):232-248.

③ Siemsen E., Roth A., Balasubramanian S.. How motivation, opportunity, and ability drive knowledge sharing: The constraining-factor model [J]. *Journal of Operations Management*, 2008, 26(3):426-445.

④ Lin H.F., Lee G.G.. Perceptions of senior managers toward knowledge-sharing behavior [J]. *Management Decision*, 2004, 42(1):108-125.

基础上,采用自行上门、当场发放与回收纸质问卷的方式完成了数据采集。每个企业的调研小组由 3 名研究生和 1 名企业协调人员组成。共计发放问卷 1 800 份,回收 1 319 份,总体回收率为73.3%;剔除无效问卷 137 份,最终有效问卷为 1 182 份,实际有效回收率为 65.7%。

在有效问卷中,男性比例为 58.4%,女性比例为 41.6%;研发人员比例为 39.5%,职能管理人员比例为 60.5%;多数被调查对象年龄介于 26~30 岁之间,占样本总数的 41.6%;多数被调查对象工作年限介于 1~3 年,占样本总数的 56.3%;在学历教育方面,高中毕业的比例为 6.5%,大学毕业的比例为 82.7%,研究生毕业的比例为10.8%;在职位等级方面,执行人员比例为 62.0%,基层管理人员比例为 27.4%;中层管理人员比例为 10.6%。

4. 实证检验

(1)测量模型分析。

测量模型旨在描述潜变量与测量题项之间的关系。通过验证性因子分析(CFA),我们对测量模型进行了检验。评价的内容具体涉及信度、聚合效度和区分效度。其中信度分析采用建构信度 CR和 Cronbach α 来测算;聚合效度采用潜变量提取平均方差抽取量AVE 来测算;区分效度通过对比潜变量的 AVE 平方根与该潜变量和其他潜变量间的相关系数进行检验。

如表 5-3 所示:所有构念的 α 值介于 0.860~0.911 之间,均大于标准阈值 0.7;且各构念的 CR 值介于 0.851~0.911 之间,均大于标准阈值 0.7,表明我们对构念测量的信度较高。同时,各构念的AVE 值介于 0.589~0.773 之间,均大于标准阈值 0.5,表明我们的研究具有良好的聚合效度。如表 5-4 所示,各构念的 AVE 平方根

（对角线部分数据）均大于该构念与其他构念之间的相关系数，表明各构念的测量具有良好的区分效度。

表5-3 信度与聚合效度检验

构 念	题项数	Cronbach α	CR	AVE
知识共享意愿	5	0.895	0.898	0.638
知识共享态度	5	0.885	0.887	0.615
认 同	3	0.909	0.911	0.773
内 化	3	0.860	0.871	0.693
社交型文化	4	0.902	0.851	0.589
团结型文化	5	0.911	0.892	0.623

表5-4 区分效度检验

构 念	知识共享意愿	知识共享态度	顺从	认同	内化	社交型文化	团结型文化
知识共享意愿	**0.799**						
知识共享态度	0.570	**0.784**					
认 同	0.530	0.594	0.436	**0.879**			
内 化	0.521	0.500	0.301	0.396	**0.832**		
社交型文化	0.406	0.420	0.292	0.447	0.338	**0.767**	
团结型文化	0.448	0.420	0.278	0.481	0.392	0.435	**0.789**

注：对角线上数据为平均方差抽取量AVE的平方根。

由于所有数据的采集均为被试者自我汇报的方式，所以我们的研究采用哈曼单因素测试对数据是否存在严重的共同方法变异进行了检验。哈曼认为，当变量中的一个公共因子占据了较大的方差比时，说明存在较严重的共同方法变异问题。我们通过主成分分析共提取出6个公因子，6个公因子共同解释了总方差的76.601%，其中最大公因子解释了总方差的17.889%，这表明没有哪个单一因子能够解释大部分的总方差,由此可以判断并不存在严重的共同方法变异现象。

(2)结构模型分析。

结构模型旨在描述潜变量间的关系。我们采用结构方程模型对结构模型以及假设 H1″~H5″进行了检验,参数估计采用极大似然法,使用的软件为 AMOS 17.0,检验结果如图 5-6 所示:

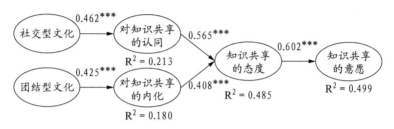

注:CMIN/DF = 4.648;RMSEA = 0.056;GFI = 0.901;NFI = 0.926;
IFI = 0.941;CFI = 0.941;
***表示 p < 0.01。

图 5-6　理论模型与研究假设的 SEM 检验结果

由图 5-6 可知,结构模型的 CMIN/DF = 4.648,低于标准阈值 5;RMSEA = 0.056,低于标准阈值 0.08;GFI = 0.901,大于标准阈值0.8;NFI = 0.926、IFI = 0.941、CFI = 0.941,大于标准阈值 0.9。由此可见,模型的整体拟合度良好,模型可以接受。与此同时,结构模型解释了知识共享意愿方差的 49.9%,知识共享态度方差的48.5%,顺从方差的 0.7%,认同方差的 21.3%,内化方差的 18.0%,除了顺从以外,其他所有构念的解释力度均超出了法尔克和米勒(Falk & Miller)建议的 10%,表明结构模型具有较高的解释力度。

对假设 H1″~H5″的检验结果如下:社交型文化与认同之间的路径系为 0.462,团结型文化与内化之间的路径系数为 0.425,且均为显著,说明 H1″ 和 H2″ 得到了支持;认同和内化与知识共享态度之间的路径系数分别为 0.565 和 0.468,且均为显著,说明 H3″ 和 H4″ 得到了支持;知识共享态度与知识共享意愿之间的路径系数为 0.602 且显著,说明 H5″ 得到了支持。

为了获得更精准的研究结论,我们又分别检验了两种机制(认同和内化)在组织文化(社交型文化和团结型文化)与知识共享之间的中介效用。根据巴伦(Baron)和肯尼(Kenny)的建议,中介效用必须满足三个条件:(1)自变量与因变量显著相关;(2)自变量与假设的中介变量显著相关;(3)当中介变量放入回归方程后,自变量与因变量的相关性的显著削弱则为部分中介,自变量与因变量的相关性不显著则为完全中介。

如图 5-7 所示,社交型文化与知识共享态度之间呈正向的显著关系($\beta = 0.267$,$p < 0.01$),团结型文化与知识共享态度之间呈正向的显著关系($\beta = 0.282$,$p < 0.01$),说明条件(1)满足。如图 5-8 所示,社交型文化与认同之间的正向关系显著($\beta = 0.453$,$p < 0.01$),团结型文化与内化之间的正向关系显著($\beta = 0.417$,$p < 0.01$),说明条件(2)满足。

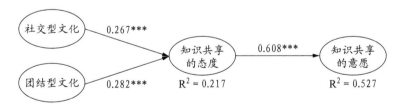

注:CMIN/DF = 4.020;RMSEA = 0.051;GFI = 0.936;NFI = 0.958;IFI = 0.968;CFI = 0.968;

***表示 $p < 0.01$。

图 5-7 无中介变量的 SEM 检验结果

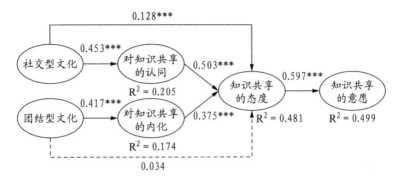

注：CMIN/DF = 4.832；RMSEA = 0.057；GFI = 0.892；NFI = 0.925；
IFI = 0.940；CFI = 0.940；

***表示 p＜0.01；——► 显著路径；----► 非显著路径。

图5-8　有中介效用的 SEM 检验结果

　　对比图5-7和图5-8的数据分析结果，我们发现，当添加了认同之后，社交型文化与知识共享态度之间的路径系数虽然依旧显著，但系数值明显下降（β由图5-7中的 0.267 下降为图5-8中的 0.128），说明条件（3）满足，认同在社交型文化与知识共享态度之间起到部分中介效用。当添加了内化之后，团结型文化与知识共享态度之间的路径系数变为不显著（β＝0.034，p＞0.1），说明条件（3）满足，内化在团结型文化与知识共享态度之间起到完全中介效用。

5. 结论分析

　　H1″和 H2″成立说明了社交型文化会积极影响个体对知识共享的认同，团结型文化会积极影响个体对知识共享的内化；H3″和 H4″成立说明了个体对知识共享的认同和内化均会积极影响个体知识共享的态度。通过中介效用检验，我们发现，认同在社交型文化和知识共享态度之间起到部分中介效用；内化在团结型文化和知识共享态度之间起到完全中介效用。进而不难归纳出：组织文化主要通过认同和内化的中介效用进而间接影响个体知识共享的态度。值得注意的是,在图 5-8 中,除了认同的部分中介效用,社交型文化与知识共享态度之间关系依旧正向显著;这意味着社交型文化有可能通过内化机制间接影响知识共享态度。在高度的社交型文化中,成员之间往往有着共同的兴趣、信仰和价值观,因此大家都赞同的行为往往也是个体本身赞同的行为(即组织倡导的行为与个体价值系统相吻合);另外"组织身份"有助于个体更好、更深地理解组织倡导行为对自身的益处。由此可见,社交型文化与内化可能存在潜在的积极关系。

对比图 5-7 和图 5-8,不难发现,认同和内化机制对转变个体知识共享态度具有极其重要的作用。在没有认同和内化的作用时(如图 5-7 所示),知识共享态度被解释了 21.7％的方差;在添加了认同和内化以后(如图 5-8 所示),知识共享态度被解释了 48.1％的方差;后者的解释力度得到了明显改进,是前者的两倍多。另外,我们发现,认同和内化对转变个体知识共享态度的功效并不等同。无论是图 5-6 还是图 5-8,均显示认同的效用要大于内化的效用。对此我们做出如下解释:在认同机制的作用下,个体会全盘接受组织倡导的行为,并将该行为与自身已有的价值系统"并存";在内化机制作用下,个体会先评判组织倡导行为与自身价值系统是否相吻合,并将其与已有的价值系统进行互动、融合,最终将其嵌入到已有的价值系统之中。相较而言,由于认同的"全盘接受"过程相对简单、机械且快速,而内化的"互动融合"过程相对复杂、自主且持久,因此认同比内化更容易在短期内改变个体的行为态度。

通过上述实证研究的数据分析和研究结论,不难发现:组织文化只有根植于个体的心智模式,通过改变个体的价值观和信念,进而才能转变个体的行为意向。由于认同和内化的中介作用下社交型文化和团结型文化可以积极转变个体知识共享的态度,并且此时个体态度的转变是持久的且发自内心的(个体将知识共享视为自身价值系统的一部分),所以即便在没有组织监控的情况下个体也会自发地产生知识共享行为。鉴于此,如果管理者期望成员拥有持久且自发的知识共享态度,或者管理者不想借助强制性的监控手段达成个体知识共享实现的话,就应该注重加强内部的社交型文化和团结型文化建设。例如,通过对现有组织文化的再定义,突显社交型和团结型的内涵;在此基础上通过宣传、培训、教育等一系列活动向员工灌输社交型文化和团结型文化的重要意义,以强化和增进员工对社交型文化和团结型文化的理解与接受程度。

5.4 非正式制度视角下的组织文化管理

要达成组织内部知识共享的成功实现,代表非正式制度的组织文化与代表正式制度的组织激励缺一不可。尤其当代表正式制度的组织激励失效时,组织文化则成为组织应对"有激励而无共享"的利器。然而,国内许多组织在知识共享实践的过程中,往往过于注重正式制度的建设,而忽视了组织文化的重要意义。事实上,作为一种无形准则、群体思维模式和精神能量,适宜的组织文化会在组织内部营造一种良好的知识共享氛围,让每个成员对知识共享产生强烈的心理共鸣,激发成员积极的知识共享态度和意愿,从而引导成员产生持续且持久的知识共享行为。

5.4.1 组织文化的现状甄别

在建设或重塑组织文化之前,有必要先对当前的组织文化的现状进行甄别;在此基础上,组织方能有针对性地提出基于知识共享的文化治理对策。

英国学者戈斐和琼斯(Goffee & Jones,1996)[①]提出的组织文化分类是一种具有较强应用性和普适性的组织文化分类方法,可用于一般性组织甄别自身的文化现状。戈斐和琼斯将笼统的组织文化划分为社交型和团结型两个维度,社交型代表一个组织内成员之间的友善程度;团结型代表了组织全体成员专注于组织共同目标并为之奋斗的努力程度;基于这两个文化维度的高低表征不同,可产生通用且具体的四种组织文化形态,分别为:网络型、图利型、散裂型,以及共有型。戈斐和琼斯将其称之为组织文化的"双 S 立方体"模型,如图 5-9 所示。需要指出的是,戈斐和琼斯认为这四种形态的组织文化并没有绝对的好坏之分,只是在适合或不适合组织的竞争环境方面才表现出优劣的差别,而且每一种文化既可能是"有益机能性的"(即正面的),也可能是"有碍机能性的"(即负面的)。

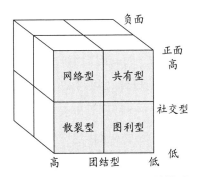

图 5-9　组织文化的双 S 立方体模型

① Goffee R., Jones G.. What holds the modern company together? [J]. *Harvard Business Review*, 1996, 74(6):133-148.

1. 网络型文化

网络型(networked)文化是一种社交性高而团结性低的组织文化。拥有这种文化的组织会呈现出"成员之间有着广泛的友谊,彼此互助,组织规则会被富有弹性地执行"等特征。在网络型文化的导向下,组织中的成员以对其他成员的忠诚度与承诺为优先,其次才是组织愿景、使命或是组织的绩效目标。在正面网络型文化的组织中,成员们乐于看到其他人的成功,因此会愿意向他人分享自己的想法及信息;同时他们也期望他人会对自身的知识分享有所回馈,当然这种回馈不一定是立即的,也不一定是物质上的报酬。但是,在负面网络型文化的组织中,内部则会出现各种派系和小团体,每个小团体都会竭力维护自己的利益,组织的整体目标被放到次要的位置;与此同时,组织中小道消息满天飞,甚至掩盖了通过正式渠道的信息或知识沟通。

2. 图利型文化

图利型(mercenary)文化是一种团结性高而社交性低的组织文化。图利型文化并不意味着组织的成员仅仅是为了金钱而工作;相反,大部分成员往往是为了实现自身的工作目标以及组织的绩效目标而努力工作。换而言之,成员们工作的驱动力不仅来自金钱,还来自对企业的热情、对自身目标的感受以及亢奋。在图利型文化背后蕴含着"理性、执着、专一、果断"等价值观导向。在正面图利型文化的组织中,成员们有着高度的工作热情(甚至周末也去上班)。当新的构想被提出以后,会在很短的时间内被付诸实施。成员的行动直接指向目标,且行动具有相当高的效率。但是在负面图利型文化的组织中,成员则很容易变得无情,甚至是阴险。成员过度关心自己的目标,而忽略彼此之间的交流和情感维护;为了达成自己的目标,成员之间甚至常常会相互指责和推诿。

3. 散裂型组织文化

散裂型(fragmented)组织文化是一种低度社交性和低度团结性的文化。虽然散裂型文化也有一定的积极效应(如成员享受很多自由、弹性和公平性等),但其给组织带来更多的是消极的影响。例如:成员只为自己而工作,成员之间很少进行交流和协作,组织的大部分工作都是由单个成员各自独立完成;成员并不会对他人特别的友善和热情,也不会对组织有太多的责任意识、归属感和忠诚度。因此,散裂型文化导向下的组织看起来就像是一群独立个体的集合体,组织对个体的控制仅仅是制定标准并将个体执行的成果加以整合。总体来说,相较于网络型、图利型和共有型文化,散裂型文化在组织中要少见得多。

4. 共有型组织文化

共有型(communal)组织文化是一种团结性和社交性都较高的文化。共有型文化是一种较为理想的文化,没有任何其他一种类型的组织文化,能像共有型文化一样凝聚如此强烈的成员承诺。这种文化普遍存在于刚刚起步的小型企业,当然也会存在一些处于成熟期的中型和大型公司之中。在共有型文化的组织中,成员表现得像一家人,他们对自己的工作充满热情,高度分享共同的价值观。在组织中总是充满着动人的历史和故事,激励着成员为目标而团结奋进。虽然共有型文化是组织最为倡导和期望打造的文化,但其也是一种最难平衡的文化,即组织有时会呈现出太多社交性的倾向,而有时又会呈现出过多的团结性倾向。究其原因在于,高度的社交性和团结性往往很难同时并存。例如,高度的社交性会使人们不愿意去批评绩效不好的同事,而高度的团结性却需要这样的行为。高度的团结性可以使组织快速响应外来的威胁,而高度的社交性则要求必须先获得每个人的承诺和彼此的共识之后才会采取行动。

依据上述组织文化的双 S 立方体模型,一般性组织可以通过自检自身组织文化的表象,进而"对号入座",对自身组织文化的现状进行甄别。

5.4.2 组织文化的建设与重塑

组织文化的双 S 立方体模型中的四种文化类型均有其相应的适用环境,组织应在充分掌握与理解当前文化现状的基础上,剖析其对知识共享的有利面与不利面,进而制定相宜的文化建设或重塑对策。[①]

1. 网络型文化与知识共享

网络型文化中存在一些有利于知识共享的因素,如:①这种文化中广泛存在的非正式团体,可以成为组织知识共享的基础单元。这些非正式团体往往由一些有着共同兴趣和爱好的成员组成。他们围绕着共同的兴趣爱好而共享知识,而不需要施加任何外在的压力。任何一个试图推动组织知识共享的公司都不应该忽视这种既已存在的共享团体,很好地利用它们可以有效地节约知识共享的成本。更重要的是,这样做的效果比用外力促使成员共享知识要好得多。②组织中广泛存在的友善和互助的氛围有助于组织成员之间通过各种非正式的沟通渠道进行知识共享。成员们会在走廊上、办公桌旁、洗手间等场合随意交谈,并且这种交流方式会使他们感觉到轻松或愉快。③组织内部广泛存在的友谊和轻松随意的交谈更

---

① 邓建友,周晓东.企业文化对知识共享的影响分析[J].科学学与科学技术管理,2005,9:82-85.

有利于隐性知识的传播。

网络型文化中也存在一些不利于组织知识共享的因素,如:①成员间传递的信息可能对组织并没有益处。成员之间交流信息往往并不是因为这种交流会使他们更好地完成工作,而是为了维护和促进彼此的感情。友好工作氛围的营造比工作目标的达成更加受到成员们的重视。②成员间交流的内容难以进行控制。由于知识交流更多的是通过非正式的沟通渠道进行,组织无法知道成员之间到底在交流些什么,可能是关于工作的积极信息,也可能是消极言论。组织的一些不良惯例和行为模式可能会借由这种非正式的交流而得以迅速地传播。

管理对策:对于网络型文化组织而言,一方面须充分利用组织内部既已存在的非正式知识共享团体在成员间知识共享的积极效用,这比绕开它们重新建立知识共享团体要好得多;另一方面还须加强对成员知识共享的过程监控,如:①对成员的共享内容加以适当引导,使其对组织目标的完成起到积极的作用;②为成员设计并提供丰富的正式沟通渠道,引导成员从非正式知识共享向正式知识共享逐步转化;③为员工提供适当的沟通技巧课程培训,提升员工知识共享的能力,进而提升彼此知识共享的效率。

2. 图利型文化与知识共享

图利型组织文化中有利于组织知识共享的方面主要体现在:①组织成员对目标的专注有可能促使他们共享与工作相关的知识。图利型文化的组织虽然不像网络型文化的组织那样普遍存在着成员间的随意交流,但是这并不代表这种类型组织中的成员之间就不交流。事实上,对于目标和胜利的强烈关注会使组织成员愿意交流,虽然这种交流的时间会相对短暂而且局限于与达成目标相关的工作知识。②可能使与具体任务相关的知识得到集中性的传播。在图利型文化的组织中,成员们交流通常围绕共同的目标展开,目的非常明确。因而成员们会在有限的时间内整理与目标(或工作任务)关系最为紧密的知识,与他人交流,而那些与目标(或工作任务)关联性较低的知识则会被滤除。

图利型文化中不利于组织知识共享的方面有:①不利于隐性知识的共享。目前的研究通常认为,共享隐性知识最有效的方法是长时间的直接交流和行动学习,但是图利型文化并没有提供这种交流所需的时间和氛围。在图利型文化的组织中,成员通常只交流与工作高度相关的知识,并且倾向于在短时间内达成交流的效果。在这种情况下,与工作高度相关的显性知识自然成为成员们的首选。②阻碍成员之间的深度交流。在图利型文化的组织中,成员之间的信任度不高,甚至成员之间存在着较为激烈的竞争,这使得成员们往往不愿意把自己的独特知识与他人共享。换而言之,在"知识就是力量"的信条促使下,成员们更倾向于匿藏自己的独特知识。

管理对策:对图利型文化的组织而言,在引导成员在对共同目标强烈关注的基础上,须营造或维护好组织内部友好、积极、互助的工作氛围,倡导成员进行充分交流,甚至容忍一些似乎没有意义的讨论,以加强彼此的感情融合,进而培养成员之间的信任和友谊。

3. 散裂型组织文化与知识共享

如果想要在散裂型文化的组织中成功地实现知识共享,困难相当大。在高度自由和弹性的环境中,个体的主动性和创造性可能得到很好的发挥,但这仅仅是个体的学习。对于组织学习而言,散裂型文化简直就是一场灾难,当然更谈不上成员间彼此的知识共享。成员通过组织的正式沟通渠道也许可以共享一部分显性知识,但这种机会很少,而且成员根本没有热情。他们的工作基本是独立的,也不重视与他人的情感关系。在这种情况下,成员之间的信任很难建立,显性知识的共享也很难实现,更不用说那些需要有效人际互动的隐性知识共享了。但是这种文化有助于个体从组织外部学习、与外部共享知识,但很难说这是一种优点,特别是这种共享不受组织控制的时候,就很可能导致组织重要知识资产的流失。

管理对策:散裂型文化常常是作为一种过渡文化而出现。如果对于组织而言,内部的知识共享非常重要,那么组织最好马上着手转变这种散裂型文化。事实上,散裂型文化像一张白纸一样,有利于建设组织想要的文化,此时组织应围绕两块短板——即"社交性低与团结性低",分别加强文化建设。可以用以提升内部社交性与团结性的具体相关措施,如表 5-5 所示。

表 5-5 提升组织内部社交性与团结性的措施

文化维度	具 体 措 施
社交性	从人员选聘的源头开始,招募具有友善、兼容、助人特质的员工,因为这样的员工更容易成为朋友,更愿意与其他同事分享自己的观点、兴趣和情感
	增加现有成员之间的社会互动,定期或不定期的组织一些公司内化或外部的非正式聚会,例如生日会、读书会、短期旅行等
	减少员工的正式礼节。例如:经理可以鼓励员工穿自己喜欢的非正式着装,按照不同的风格布置自己的办公场所,在公司内部设计一些特定场所,在这些场所中员工的身份平等,可以打成一片,例如餐厅、健身房等
	减缩层级或层级感。常规且硬性的做法有:重新设计组织结构图,消除一些层级和职位,使得组织结构扁平化。软性做法有:无论员工职位等级高低,都有一样的办公条件,同等的停车车位等
	管理人员要以身作则,像一个朋友一样关心同事及其他们的家人,并主动帮助有困难的同事。例如,可以邀请员工的亲人和朋友参加公司的野餐会、郊游或圣诞派对。或者在特殊的日子,给员工的家庭准备一份特殊的节日礼物等

文化维度	具　体　措　施
团结性	通过多种渠道(简报、新闻、视频、备忘录、电子邮件)强化成员对外部竞争威胁的认知
	创造员工的紧迫感。例如,管理人员可以通过非情感化的沟通方式陈述企业愿景,以增加员工工作的紧迫感
	激发员工渴望成功的意愿。例如,管理者可以雇用有野心、有抱负的员工;或给员工设定高难度的绩效目标,并在员工实现绩效目标后给予高度的赞美和物质回报
	鼓励致力于共同的目标。管理者可以采用职位轮换的方式,让员工在不同岗位、部门得到工作的历练,进而产生对组织的全局观

4. 共有型组织文化与知识共享

对于组织的知识共享而言,共有型文化是一种非常理想的状态。对共同目标的强烈专注,员工之间的彼此信任,家庭般的工作氛围,这些都有效地促进了组织内部成员间知识的交流,尤其是有利于隐性知识的共享。在这种文化的组织中,重要的是为员工提供交流和沟通的技术支持,并且为成员提供知识共享技巧方面的训练。但是这类组织通常不善于从组织外部学习,他们很容易自我满足,对竞争对手的产品和服务不加重视,最糟糕的情况是,他们可能会对顾客的意见嗤之以鼻,认为他们的产品和服务已经很好,无需要改进,倒是顾客需要被教育以便更好地认识自己产品的优点。

管理对策:共有型文化看起来是一种非常理想的文化,能有效地促进组织内部的知识共享。一方面,为了提升内部知识共享的效率,组织应着重于知识共享的总体规划,投入较多的精力去建设员工沟通的平台,并给予员工知识共享方面的指导和培训。另一方面,组织应重视与组织外界知识所有者的共享(如合作商、顾客、竞争对手等),而不要盲目排外,更要警惕"坐井观天"。

知识异质性及共享行为结构对团队有效性的影响

异质性又称多样性,是团队的客观属性,也是团队研究的热点问题,贝尔,维拉多和卢卡斯克(Bell,Villado & Lukasik,2011)①认为由于劳动力性质的变化,以及围绕多样性主体的社会政策等因素导致了异质性,引起了人们的极大关注。最常见的异质性是指团队成员特征的分布情况,但随着对团队结构研究的深入,团队成员的行为异质性也被纳入异质性研究领域,共享行为异质性是构成不同共享行为结构的基础。本章就是研究团队异质性与团队共享行为结构对团队产出(即团队有效性)的影响,以深化异质性的相关研究。

6.1 团队有效性

6.1.1 团队有效性的概念与内涵

团队有效性(Team Effectiveness)常用来表示群体或团队的产

---

① Bell S.T.,Villado A.J.,Lukasik M.A. et al.. Getting specific about demographic diversity variable andteam performance relationships: a meta-analysis [J]. *Journal of Management*,2011,37(3):709-743.

出,可以用任务绩效、团队满意及组织承诺来表示(Costa,2003)[1],汉克曼(Hankman,1987)[2]则认为团队有效性反映的是团队产出、团队作为执行单元的状态以及团队对成员的影响等。对于知识团队,团队有效性是团队知识共享效果的重要体现,针对本章所选取的研究对象——知识团队,我们拟选取团队有效性来表征团队知识共享的有效性。关于近二十年来对团队有效性的研究,科恩和贝利(Cohen & Bailey,1997)[3],马蒂厄,梅纳德和拉普(Mathieu,May-nard & Rapp,2008)[4]等人分别对不同阶段的研究成果进行了系统回顾与分析。首先团队有效性是个很宽泛的概念,涉及多个层面,如个人、团队、组织等,而且不同层面的有效性可能是相互有关联的(Argote & McGrath,1993)[5],因此研究团队有效性首先必须要确定研究层次。其次,团队有效性是个多维结构,包括不同方面的内容。科恩和贝利(Cohen & Bailey,1997)[6]将团队有效性分为三个维度,分别是:团队绩效、团队成员态度,以及团队的行为表现,

① Costa A.C.. Work team trust and effectiveness [J]. *Personnel Review*. 2003, 32(5):605-623.

② Hackman, J.R.. The design of work teams[A] . In J.W. Lorsch (Ed.), *Handbook of Organizational Behavior*:315-342. Englewood Cliffs,NJ: Prentice Hall. 1987.

③⑥ Cohen S.G., Bailey D.E.. What makes teams work: group effectives research from the shop floor to the executive suite [J]. *Journal of Management*, 1997, 23:239-290.

④ Mathieu J., Maynard M.T., Rapp T. et al.. Team Effectiveness 1997-2007: A Review of Recent Advancements and a Glimplse into the Future [J]. *Journal of Management*, 2008, 34:410-476.

⑤ Argote L., McGrath J.E.. Group process in organizations: continuity and change [A]. In Cooper C.L., Robertson I.T. (Eds.). *International Review of Industrial and Organizational Psychology*. New York: John Wiley & Sons. 1993, 8:383-389.

其中团队绩效包含的内容最广泛,包括效率、质量、生产率、响应时间、客户满意度及创新等。团队成员态度如员工满意、员工承诺、信任等。团队行为产出则如旷工情况、人员流失等。团队有效性的测量方式有多种,如其中最为典型的团队绩效通常有三种测量方式:一是通过客观的生产记录数据来体现,如目标达成率、响应时间等,二是通过员工和主管对一段时期内团队绩效的认知来体现,三是通过一些态度变化和行为来体现,如员工满意情况,组织承诺、离职率等。

关于团队有效性的研究模式,科恩和贝利(Cohen & Bailey, 1997)①构建了一个有别于 IPO 模型的分析框架,如图 6-1 所示。这个分析框架强调团队心理特征(如团队规范、团队凝聚力等)对团队过程的影响及对团队有效性的直接影响,而且将团队过程分为内部过程与外部过程,同时将组织所处的环境因素(如环境的动态性、产业特征等)的影响也纳入研究范畴,形成了一个更为具体、更加广泛的团队有效性研究框架。

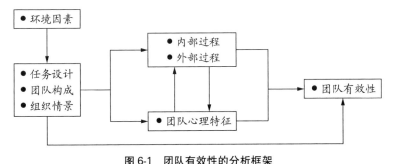

图 6-1　团队有效性的分析框架

---

①　Cohen S.G., Bailey D.E.. What makes teams work: group effectives research from the shop floor to the executive suite [J]. *Journal of Management*, 1997, 23: 239-290.

知识团队的有效性,需要侧重表现知识共享的结果。知识共享
能够避免重复劳动、降低企业风险、提升员工满意,促进知识创新等
(胡海,成可,2010)①。由于研究目的与研究方法不同,衡量知识团
队有效性的方式也有多种:可以衡量知识共享对个体认知与行为的
影响,也可以衡量综合绩效的变化,甚至还可以简单地利用财务绩
效来衡量(段光,黄彦婷和杨忠,2012)②。疏礼兵(2007)③认为,团
队知识共享是动态和连续变化的过程,因此很难用知识转移成功或
完成与否来判断,应该用知识共享给团队带来的变化与影响来衡量
团队有效性,并提出共享有效性的三个维度:个人态度、学习提升与
促进创新。何会涛(2011)④提出从共享满意度、工作效率与知识创
新三个方面来衡量共享有效性,朱少英和齐二石(2008)⑤等人则提
出从目标达成、共享满意与研发能力提升等维度来衡量共享有
效性。

综合相关研究的观点可以发现,衡量团队有效性通常会从态
度、行为与结果三个方面着手。根据团队有效性的结构特点(Cohen
& Bailey,1997)⑥,在此我们选择共享满意、知识整合与团队创新

---

① 胡海,成可.基于个体隐性知识的企业核心能力研究[J].江海学刊,2010(6):
94-98.

② 段光,黄彦婷,杨忠.基于共享有效性的团队知识共享行为结构研究[J].江海
学刊,2012(5):97-105.

③ 疏礼兵.企业研发团队内部知识转移的过程机制与影响因素研究[M].浙江大
学出版社,2007.

④ 何会涛.知识共享有效性研究:个体与组织导向的视角[J].科学学研究,2011,
29(3):403-412.

⑤ 朱少英,齐二石.团队领导行为与知识共享绩效关系的实证研究[J].现代管理
科学,2008(8):14-16.

⑥ Cohen S.G., Bailey D.E.. What makes teams work: group effectives research
from the shop floor to the executive suite [J]. *Journal of Management*, 1997, 23:
239-290.

三个方面作为衡量知识团队有效性的内容。其中共享满意为态度维度,反映团队成员对团队知识共享过程的认知与评价;知识整合为行为维度,反映知识团队对知识的加工与处理行为;团队创新为绩效维度,反映了知识团队最重要的产出。以上三者的组合能够较为完整地体现团队有效性的内容结构以及知识团队的特征。

6.1.2 共享满意

疏礼兵(2007)[①]认为可以用员工态度作为衡量知识团队内部知识共享有效性的内容之一,具体包括团队成员对团队内部知识共享的内容、效率、效果及共享过程的满意程度。在此基础上,他进一步开发了测量共享满意的量表。杨君琦(2000)[②]认为共享满意包括目标的达成、合作关系的和谐程度等。

结合知识共享不同主体的行为特征及期望,我们认为共享满意反映了多个方面的内涵。首先,从知识贡献者的角度,共享满意包括:贡献知识的行为能够得到其他成员的积极响应与反馈、所贡献知识得到充分吸收和利用并且知识的价值能够得到其他成员的认可、知识贡献过程在预期时间内与预计成本范围内完成,以及自己通过贡献知识能够得到他人的认可与尊重等。其次,从知识搜集者的角度,共享满意包括:搜集知识的请求能够得到其他成员的响应与配合、所搜集的知识对自己有价值、贡献者能够有效地传达使自己顺利接收到知识等。此外,共享满意还包括对团队或组织的共享

① 疏礼兵.企业研发团队内部知识转移的过程机制与影响因素研究[M].浙江大学出版社,2007.
② 杨君琦.技术转移互动模式失灵及重塑之研究——以研究机构与中小企业技术合作为例[D].台湾大学,2000.

氛围、共享态度、共享技术等方面的认知与评价。例如巴里克、斯图尔特和诺伊贝特(Barrick et al.，1998)等人[1]就指出团队内部较大的知识贡献行为差异会造成不公平感，会使得知识贡献较多的成员产生挫败感，影响团队士气与凝聚力。而知识搜集的差异则可能会破坏团队的学习范围，搜集行为较多的成员可能产生孤立感，因此共享行为差异大可能会降低团队成员的共享满意。

6.1.3　知识整合

团队的一项基本活动就是将个体知识整合为群体知识(Okhuysen & Eisenhard，2002)[2]。知识整合的概念最先源于产品开发领域，是由亨德森和克拉克(Henderson & Clark，1990)[3]最先提出来的，在他们对知识整合的定义中涉及两个相关概念：组分知识(component knowledge)与结构知识(architectural knowledge)，前者是指产品每个部件的核心设计思想及把这些思想运用到特定部件的方式，后者是指把这些部件装配或连在一起形成整体所需要的知识。进一步对该概念进行延伸，可以认为组分知识是关于具体对象的知识，而结构知识则是关于知识结合发挥更大效用的知识，即关于知识的知识。很多知识整合的定义都强调对离散知识

---

① Barrick，M.R.，Stewart G.L. et al.. Relating member ability and personality to work-team processes and team effectiveness [J]. *Journal of Applied Psychology*，1998，83(3):377-391.

② Okhuysen G.A.，Eisenhardt K.M.. Integrating Knowledge in groups: how formal interventions enable flexibility [J]. *Organization Science*，2002，13(4):370-386.

③ Henderson R.M.，Clark K.B.. Architectural innovation: the reconfiguration of existing product technologies and the failure of established firms [J]. *Administrative Science Quarterly*，1990，35(1):9-30.

进行组合以解决特定问题,目前最常用的定义是知识交换与组合(Nahapiet & Ghoshal,1998)①。科古特和赞德(Kogut & Zander,1992)②就认为知识整合是一种协调相关资源、专家与系统,将分散的知识加以联接,使知识以可用的形式呈现,进而提升组织的运营效率与解决问题的能力。

知识整合需要挖掘组织内部的各种知识以及知识之间的相互联系和动态关系,知识整合的过程实质上就是知识创新的过程。野中郁次郎(Nonaka,1994)③就指出,团队有效性的核心就是知识整合过程,即个体知识必须螺旋上升转化为团队知识甚至组织知识。根据知识整合的定义,知识整合是知识共享的后续行为,共享只是提供了整合的基础资源与素材,承载于个体的组分知识需要通过构建相互间的关系来实现组合与发展。知识整合同时又是知识创新的前提条件,组分知识与结构知识相结合才可能形成新的知识,纳哈佩特和戈沙尔(Nahapiet & Ghoshal,1998)④就强调,组织创新是知识交换与整合的结果。综上可以认为,知识整合是连接知识共享与知识创新的重要途径,从团队有效性的角度,知识整合反映了知识团队产出的实现过程,团队创新只是知识整合的最终表现形式。

虽然知识整合很重要,但在管理实践中知识整合的效果往往不尽如人意,阻碍知识有效整合的因素有很多,包括个体间熟悉程度

①④ Nahapiet J., Ghoshal S.. Social capital, intellectual capital and theorganizational advantage [J]. *Academy of Management Review*, 1998, 23(2):242-266.

② Kogut B., Zander U.. Knowledge of the firm, combinative capabilities, and the replication of technology [J]. *Organization Science*, 1992, 3(3):383-397.

③ Nonaka I.. A dynamic theory of organizational knowledge creation [J]. *Organization Science*, 1994, 5(1):14-37.

不够、思考方式不同、表述方式不同、冲突不足、交流语言差异，以及地位甚至空间距离等因素(Bechky，1999①；Dougherty，1992②；Eisenhardt，1989③；Gruenfeld，1996；Szulanski，1996④)。奥胡森和艾森哈特(Okhuysen & Eisenhardt，2002)⑤等认为，可以采用正式干预手段(formal interventions)如促进共享、质询、时间管理等措施来改进知识整合过程，这些组织施加的正式干预会有助于团队成员间的沟通与讨论，并为团队构建成员所共同遵循的显性结构，使得团队的知识整合有章可循，而不再是成员的自发或无意识行为。

6.1.4 团队创新

在当前高速发展的商业环境中，创新得到了大量关注，由于大部分公司的管理能力相当，很多公司都开始将创新作为区别于其他竞争对手的核心差异(Liao，Fei & Chen，2007)⑥。多洛雷斯(Do-

① Bechky B. A.. Creating shared meaning across occupational communities: an ethnographic study of a production Floor [Z]. *Academy of Management Meetings*, Chicago, IL. 1999.

② Dougherty D. A.. Practice-centered model of organizational renewal through product innovation [J]. *Strategic Management Journal*, 1992, (13):77-93.

③ Eisenhardt K. M.. Making fast strategic decision in high velocity environments [J]. *Academy of Management Journal*, 1989, 32(3):543-576.

④ Szulanski G.. Exploring internal stickiness: impediments to the transfer of best practice within the firm [J]. *Strategic Management Journal*, 1996, 17:27-43.

⑤ Okhuysen G. A., Eisenhardt K. M.. Integrating knowledge in groups: how formal interventions enable flexibility [J]. *Organization Science*, 2002, 13(4):370-386.

⑥ Liao S., Fei W. C., Chen C.C.. Knowledge sharing, absorptive capacity, and innovation capability: an empirical study of Taiwan's knowledge-Intensive industries [J]. *Journal of Information Science*, 2007, 33(3):340-359.

loreux，2012)①指出，创新是个复杂的交互过程，包括新思路产生、发展以及落实实施等不同过程，具体包括五个不同阶段：观点产生、观点筛选与强化、设计、想法实施与商业化、想法的推广与扩散。创新不仅包括原创性的创造，也包括引入原先就已经存在但是对于组织或团队而言是新颖的观点或方法。创新的类型有很多种，根据不同的分类标准，可以分为产品创新与过程创新、激进式创新与渐进式创新、技术创新与管理创新等(Gopalakrishnan & Damanpour，1997)②。与传统团队绩效不同的是，团队创新绩效很难用短期内的财务指标或其他量化指标来具体衡量，在研究中通常会用人的主观判断来代替客观测量(Barrick et al.，1998)③。

拜伦和哈扎奇(Byron & Khazanchi，2012)④认为，创新或创造通常被认为是受内在动机影响的，要求较高的认知水平，并且是充满风险的，而且创新的价值也较常规绩效的价值更不确定，因此创新的激励路径与常规绩效也不同。姚(Yao，2012)⑤认为，

① Doloreux D.. Regional networks of small and medium sized enterprises: evidence from the metropolitan area of Ottawa in Canada [J]. *European Planning Studies*，2004，(12):173-189.

② Gopalakrishnan S.，Damanpour F.. A review of innovation research in economics, sociology and technology management [J]，*Omega-international Journal of Management Science*,1997，25:15-28.

③ Barrick，M.R.，Stewart G.L. et al.. Relating member ability and personality to work-team processes and team effectiveness [J]. *Journal of Applied Psychology*，1998，83(3):377-391.

④ Byron K.，Khazanchi S.. Rewards and creative performance: a meta-analytic test of theoretically derived hypotheses [J]. *Psychological Bulletin*，2012，138(4):809-830.

⑤ Yao C. Y.. Knowledge diversity, knowledge interaction, organizational climate and business innovation [Z]. *Management of Innovation and Technology*(ICMIT)，IEEE International conference，2012.

创新是个体交互的结果,不同个体间的交互会提升创新水平,因此很多公司都试图利用不同的知识交互方式来实现创新,甚至会从团队外部、组织外部去寻找不同的知识主体参与内部创新活动。

鉴于创新的知识性,很多研究都关注了与创新相关的知识活动。如蒂斯(Teece,1998)[1]就指出,知识共享是提高创新绩效的重要途径,格雷(Gray,2001)[2]也认为,团队无法实现创新目标的主要问题之一就是缺乏知识共享,他认为,团队创新所需要的技术知识通常是通过知识共享获得的,因此团队内部知识共享水平越高,团队的创新效率与创新绩效也会越高。达洛克和麦克诺顿(Darroch & McNaughton,2002)[3]认为,鼓励员工在团队或组织内部贡献知识会更有可能产生新观点,发展新的商业机会,利于创新行为的发生。汉森(Hansen,1999)[4]认为对于从事创新的组织而言,知识搜集是个关键因素。纳哈佩特和戈沙尔(Nahapiet & Ghoshal,1998)[5]则强调,知识获取能够改善新产品研发,提升技术

① Teece D. J.. Capturing value from knowledge assets: the new economy, markets for know-how and intangible assets [J]. *California Management Review*, 1998, (40):55-79.

② Gray R. J.. Organizational climate and project success [J]. *International Journal of Project Management*, 2001, (19):103-109.

③ Darroch J., McNaughton R.. Examining the link between knowledge management practices and type of innovation [J]. *Journal of Intellectual Capital*, 2002, 3(3):210-222.

④ HansenM. T.. The search-transfer problem: the role of weak ties in sharing knowledge across organization subunits [J]. *Administrative Science Quarterly*, 1999, 44 (1):82-111.

⑤ Nahapiet J., Ghoshal S.. Social capital, intellectual capital and the organizational advantage [J]. *Academy of Management Review*, 1998, 23(2):242-266.

独特性,并且降低销售成本等。洪、多尔和纳姆等人（Hong，Doll
& Nahm，2004）[1]的实证研究表明知识共享与新产品研发之间有
显著的正相关关系。团队内部的知识共享能够导致更好的团队创
新绩效,这一结论已经在不同情境下被证实过了,包括新产品开发
团队（Madhavan & Grover，1998）[2]、研发团队（Bain，Mann & At-
kins，et al.，2005）[3]、软件开发团队（Faraj & Sproull，2000）[4]等。
还有研究证实了知识共享不仅能够促进组织的创新绩效,且能够减
少组织中冗余的学习投入（Calantone，Cavusagil & Zhao，2002）[5]。

6.2　知识异质性对团队有效性的影响

团队属性异质性涉及的范围很广,根据企业的知识基础观,团
队成员大部分属性的异质性的本质就是知识的异质性,尤其是在知
识经济时代的大背景下,知识的作用尤显重要,因此在众多的属性
中,我们的研究选择以知识异质性为代表。

---

① Hong P.，Doll W.J.，Nahm A.Y.et al. Knowledge sharing in integrated prod-
uct development [J]. *European Journal of Innovation Management*，2004(7):102-
112.

② Madhavan R.，Grover R.. From embedded knowledge to embodied
knowledge: new product development as knowledge management [J]. *Journal of
Marketing*，1998，62(4):1-12.

③ Bain P.G.，Mann L.，Atkins L.，et al. R & D project leaders: roles and re-
sponsibilities [A]，in L. Mann（ed.）*Leadership*，*Management*，*and Innovation in
R & D Project Teams*，Westport，C.T: Praeger，2005:49-70.

④ Faraj S.，Sproull L.. Coordinating expertise in software development teams
[J]. *Management Science*，2000，46:1554-1568.

⑤ Calantone R.J.，Cavusagil S.T.，Zhao Y.. Learning orientation，firm innova-
tion capability，and firm performance [J]. *Industrial Marketing Management*，2002，
31(6):515-526.

6.2.1 知识异质性

1. 团队异质性

团队异质性是团队成员个人特征的分布情况,既包括人口统计学特征也包括知识、价值观等特征(刘嘉,许燕,2006)[①];哈里森和克莱恩(Harrison & Klein,2007)[②]认为团队异质性是指团队成员某种普遍属性的分布差异;杰克逊、乔希和埃哈特(Jackson,Joshi & Erhardt,2003)[③]等人则强调团队异质性是团队层面的构念,是在相互依赖的团队中,团队成员某种属性的差异程度。

团队异质性根据对绩效的影响程度可以分为任务取向的异质性和关系取向的异质性,根据特征的显性程度可以分为浅层异质性和深层异质性(Jakson,Joshi & Erhardt,2003),如人口统计学特征主要影响人际关系,对绩效影响较小,属于关系取向的异质性,同时也是浅层异质性,而知识、技能等特征的异质性会显著影响任务绩效,为任务取向的异质性,同时也是深层异质性。耶恩、查德威克和撒切尔(Jehn,Chadwick & Thatcher,1997)[④]则将团队异质性分为人口统计学异质性、信息异质性和价值观异质性;而马格拉思

---

① 刘嘉,许燕.团队异质性研究回顾与展望[J].心理科学进展,2006,14(4):636-640.

② Harrison D.A., Klein K.J.. What's the dfference? diversity constructs as separation, variety, or disparity in organizations [J]. *Academy of Management Review*, 2007, 32:1199-1228.

③ Jackson S.E., Joshi A., Erhardt N.L.. Recent research on team and organizational diversity: SWOT analysis and implications [J]. *Journal of Management*, 2003, 29:801-830.

④ Jehn K.A., Chadwick C., Thatcher S.. To agree or not to agree: the effects of value congruence, member diversity and conflict on workgroup outcomes [J]. *International Journal of Conflict Management*, 1997, 8:287-305.

(MaGrath)等人根据研究对象将团队异质性分为五类：人口统计学属性，与任务相关的知识、技能与能力，价值观、信念与态度，人格、认知与行为方式，团队在组织中的地位(Sauer，Felsing & Franke，2006)。①

贝尔等(Bell et al.，2011)②认为，团队异质性的研究测量一般有三种操作方式：分段(separation)、种类数(variety)与离散度(disparity)。至于团队异质性的表示指标，克尼彭贝格和席佩斯(Knippenberg & Schippers，2007)③将常用的指标进行了归纳，包括标准差(Standard deviation)、欧式距离(Euclidean distance)、布劳指数(Blau index)、蒂奇曼指数(Teachman index)以及变异系数(Coefficient of variation)等，甚至还可以简单地利用最大值与最小值的差异来表示离散程度，不同的指标适用于不同类型的属性，其表达的内涵也是有区别的。

2. 知识异质性的定义与类型

按照资源基础论的观点，组织是由一系列资源束构成的集合，组织的竞争优势来源于企业所拥有的资源，尤其是一些异质性资源(余光胜,2002)④。在知识经济的时代背景下资源基础观进一步演化为知识基础观，知识尤其是异质性知识作为组织的核心资源，是组织核心竞争力的来源。早期的团队异质性研究主要侧重

---

① Sauer J., Felsing T., Franke H. et al.. Cognitive diversity and team performance in a complex multiple task environment [J]. *Ergonomics*, 2006, 49(10):934-954.

② Bell S.T., Villado A.J., Lukasik M.A., et al.. Getting specific about demographic diversity variable and team performance relationships: a meta-analysis [J]. *Journal of Management*, 2011, 37(3):709-743.

③ Van Knippenberg D., Schippers M. C.. Work group diversity[J]. *Annu. Rev. Psychol.*, 2007, 58:515-541.

④ 余光胜.企业竞争优势根源的理论演进[J].外国经济与管理,2002(10):2-7.

人口统计学特征的研究,近年来研究者的兴趣逐渐转向深层次的异质性,知识异质性就是其中之一。邓今朝和王重鸣(2008)[①]认为,团队异质性首先表现为认知异质性,而认知异质性又源自于知识异质性。

关于知识异质性的内涵,现有的观点基本相似,如范·德维吉特和邦德森(van der Vegt & Bunderson,2005)[②]将知识异质性定义为团队成员所擅长的知识与技能的差异性。倪旭东(2010)[③]将知识异质性定义为团队成员彼此的知识背景、知识结构或认知方式存在的差异程度。李宗红和朱洙(2003)[④]定义的知识异质性团队是指由一群知识各异却拥有共同目标、以不同做法达成目标并且成员之间相互依赖的群体。综上,我们认为知识异质性是指知识团队成员所掌握的知识与技能的差异程度。

张(Chang,2012)[⑤]将知识异质性分为内在知识异质性(intrapersonal diversity)和共享知识异质性(shared knowledge diversity)两种,前者表示团队成员为专才或通常的程度,可以理解为独享的知识的异质性,后者表示被团队成员所共享的知识的差异程度,可以理解为分享的知识的异质性。研究结果表明内在知识异质性与创新正相关,而共享知识异质性与创新的关系并不显著,而且随着

① 邓今朝,王重鸣.团队多样性对知识共享的反向作用机制研究[J].科学管理研究,2008,26(6):25-28.

② van Der Vegt G.S.,Bunderson J.S.. Learning and performance in multidisciplinary teams: the importance of collective team identification[J]. *Academy of Management Journal*, 2005, 48(3):532-547.

③ 倪旭东.知识异质性对团队创新的作用机制研究[J].企业经济,2010(8):57-63.

④ 李宗红,朱洙.团队精神:打造斯巴达方阵[M].北京:中国纺织出版社,2003.

⑤ Chang W.. *Differential Effects of Knowledge Diversity on Team Innovation: An Agent-Based Modeling* [Z]. ICIMTR, Malacca, Malaysia, 2012.

团队发展,团队的知识异质性会降低,创新绩效也会降低。

知识异质性有很多不同的衡量方式,米利肯和马丁斯(Milliken & Martins,1996)[①]总结了 1989~1994 年间排名前 13 位的权威管理期刊关于异质性的文章后,提炼出 14 个指标来描述团队异质性,其中描述知识异质性的指标包括:教育背景、职务背景、职业背景、产业经验及组织地位等;古家军和胡蓓(2008)[②]以高管团队为对象,认为异质性涉及知识结构与职业背景两个维度,其中知识结构又涉及学历与专业背景;熊立(2008)[③]则认为知识异质性可以用专业背景、学历和专业经验等方面的差异来表示。

3. 知识异质性的影响

"双刃剑"是现有研究对知识异质性作用的普遍认识(DeChurch & Marks,2001)[④]。总体而言,知识异质性对团队的影响呈现出两种截然不同的观点:一种观点认为知识异质性会给团队带来冲突等负面影响而不利于团队发展和产出,另一种观点则认为知识异质性会有利于团队绩效。如乔希和罗(Joshi & Roh,2009)[⑤]进行元分析所采用的研究文献中,60%的研究结果表明异

---

① Milliken F. J., Martins L. L.. Searching for common threads: understanding them Multiple effects of diversity in organizational groups [J]. *The Academy of Management Review*,1996,21(2):402-433.

② 古家军,胡蓓.知识结构职业背景的异质性与企业技术创新绩效关系——基于产业集群内企业的实证研究[J].研究与发展管理,2008(2):28-33.

③ 熊立.交互记忆系统视角下的异质型团队知识整合机制研究[D].浙江大学,杭州,2008.

④ DeChurch L. A., Marks M. A.. Maximizing the benefits of task conflict: the role of conflict management [J]. *International Journal of Conflict Management*,2001,12(1):4-22.

⑤ Joshi A., Roh H.. The role of context in work team diversity research: a meta-analytic review [J]. *Academy of Management Journal*,2009,52(3):599-627.

质性对团队产出作用并不显著,其余结论中的正负相关作用各占一半。

关于知识异质性影响不同研究结论的背后是完全不同的研究视角与理论基础:正面观点通常以团队任务为导向,从信息过程视角分析知识异质性对团队创新的作用过程,认知资源观点(cognitive resource perspective)是最常用的基础理论,其基本逻辑是拥有不同知识的成员会提高团队成员知识多样性,形成更大的知识池并提供更多观点,增加了团队的认知资源,因此与团队任务相关的知识异质性往往会促进团队绩效提升(Bell et al., 2011)①。信息过程观点(information process perspective)则认为异质性知识有利于团队成员接触到不同的情景、视野和信息,在个体层面上有助于个体创新性想法的产生(Yao,2012②)。此外,环境匹配理论(environment fitness theory)也为知识异质性的正面作用提供了支持。基于组织结构与过程要与外部环境相适应的基本假设,米勒(Miller,1992)③认为组织结构越松散越有利于与外部环境相匹配,这一观点与源自生态学的"异质性—稳定性"原则不谋而合,生态学家们认为高度的异质性往往代表着复杂的种族关系、食物链及食物网络和很强的调节能力,强大的调节系统能够抵御外部环境的变化及群体变化,这一观点在生态学中得到了很多证据支持。基于这一

---

① Bell S. T., Villado A. J., Lukasik M. A. et al.. Getting specific about demographic diversity variable and team performance relationships: a meta-analysis [J]. *Journal of Management*, 2011, 37(3):709-743.

② Yao C. Y.. Knowledge diversity, Kknowledge interaction, organizational climate and business innovation [Z]. *Management of Innovation and Technology* (ICMIT), IEEE International conference. 2012.

③ Miller D.. Environmental fit versus internal Fit [J]. *Organization Science*. 1992, 3(2):159-178.

理论,陈、谢和梁(Chen,Shie & Liang,2009)①等人研究证实了知识异质性会提高团队的环境适应性,有利于团队稳定与团队绩效改善。社会网络理论(social network theories)也支持异质性的正面作用,认为异质性的知识会提高知识的潜在价值。卡明斯(Cummings,2004)②研究了组织结构异质性对知识共享的影响,包括地理分布异质性、功能异质性、报告对象异质性以及商业单元异质性等,这些异质性之所以能够影响知识共享效果,关键在于这些异质性能够让团队成员接触到更多的不同知识源。

关于知识异质性的负面观点往往以团队关系为导向,从人际关系视角分析知识异质性对团队创新的不利作用。社会分类理论(social categorization theory)在此类研究中得到了广泛应用,根据"相似—吸引"范式(similarity-attraction paradigm),具有相同属性的个体往往会有更高的相互认同感,所构成的群体也会有更高的效率(Byrne,1971)③,相同的属性会改善团队沟通,提高群体凝聚力。霍维茨和霍维茨(Horwitz & Horwitz,2007)④指出,个体在团队内选择交互对象时,往往会优先选择与自己相似的对象,因此知识异质性可能会在团队内部造成群体分层,形成非正式的小群体,这种非正式制度规范的小群体往往会影响团队交流与沟通,甚至造成团

---

① Chen D.N., Shie Y.J., Liang T.P.. *The Impact of Knowledge Diversity on Software Project Team's Performance* [z], ICEC, Taipei, 2009.

② Cummings J.N.. Work groups, structural diversity, and knowledge sharing in a global organization [J]. *Management Science*, 2004, 50(3):352-364.

③ Byrne D.E.. *The Attraction Paradigm* [M]. New York: Academic Press, 1971.

④ Horwitz S.K., Horwitz I B.. The effects of team diversity on team outcomes: a meta-analytic review of team demography [J]. *Journal of Management*, 2007, 33(6):987-1015.

队成员冲突与关系紧张。社会分类会导致小群体产生消极情感体验,并降低成员对团队成员的认同,削弱团队成员为团队目标而进行合作和努力的动机(刘嘉,许燕,2006)[①]。

6.2.2 知识异质性对团队有效性的影响

1. 知识贡献与知识搜集

范登霍夫和亨德里克斯(van den Hooff & Hendirx,2004)[②]等人将知识共享定义为个体间交换知识并共同创造新知识的过程,并将共享活动分为知识贡献与知识搜集两个维度,其中知识贡献(knowledge donating)是指与他人沟通分享自己知识的行为,而知识搜集(knowledge collecting)则是向同事咨询以获取自己所需要知识的行为。与其他研究将知识贡献视为主动行为(active)和将知识搜集视为被动行为(passive)的观点不同,范登霍夫和亨德里克斯(van den Hooff & Hendirx,2004)等人认为,知识贡献与知识搜集都是个体的主动行为,前者是供给知识而后者是获取知识,这两种行为的结合才能将个体知识转化为团队知识,才能促进知识的发展与重构。

将知识共享简单分为主动的分享与被动的获取行为是从行为本身出发,并不考虑知识共享的结果以及组织实践中知识共享的循环反馈特征,往往适合个体层面的共享行为研究。而范登霍夫等人

---

① 刘嘉,许燕.团队异质性研究回顾与展望[J].心理科学进展,2006,14(4):636-640.

② van den Hooff B., Hendrix L.. Eagerness and willingness to share: the relevance of different attitudes towards knowledge sharing [Z]. Paper presented at the Fifth European Conference on Organizational Knowledge, Learning and Capabilities, Innsbruck, Austria, 2004.

的定义与分类方式更加符合群体及组织的知识共享实际,这种定义暗含着知识共享是个体为了相同的工作目标而进行合作的本质(Boland & Tenkasi, 1995)①,更适合于群体或组织内部的共享行为研究。

2. 知识异质性对团队有效性的影响

对于知识团队,知识共享是提高团队有效性的重要手段。首先,共享满意是团队成员对团队知识共享过程或结果的认知与评价,当团队成员的知识共享行为得到有效反馈或响应时,对共享过程的满意程度会明显提升。具体而言,当成员在团队内部主动贡献自己的知识与技能时,其他成员能够给予积极的反馈并且能够表现出有效的接收行为,或者当某成员向团队其他成员咨询试图获取自己所需要的知识时,对方能够给予积极响应并能够提供有效帮助,团队成员对共享过程会有较高的满意度。其次,根据知识整合的定义(Inkpen & Dinue, 1998)②,知识共享是知识整合的前提,知识只有通过个体的分享与沟通才有机会与其他知识进行融合和再建构。再次,所有有价值的创新都是知识共享、积累和应用的结果(Drucker, 1998)③,知识共享可以使得个体知识不断系统化和社会化,使知识得到重构与发展,从而促进创新性产品或服务的出现,朱少英和齐二石(2008)④指出创新的基础是知识,创新是投入知识并

①　Boland R. J., Tenkasi R. V.. Perspective making and perspective taking in communities of knowing [J]. *Organization Science*, 1995, 6(4):350-383.

②　Inkpen A.C., Dinue A.. A knowledge management process and international joint ventures [J]. *Organization Science*, 1998, 9(4):454-468.

③　Drucker P.F.. The Discipline of innovation [J]. *Harvard Business Review*, 1998(6):149-157.

④　朱少英,齐二石.团队领导行为与知识共享绩效关系的实证研究[J].现代管理科学,2008(8):14-16.

获得产出的过程,虽然从外部获取知识很有必要,但团队内部的知识共享也是进行知识积累和发展的重要途径,而且内部共享比外部获取知识更为便利,成本也更低,因此团队内部知识共享对团队创新有着非常重要的作用。许多研究也都强调了知识共享对于创新的重要性(Teece, 1998[①]; Gray, 2001[②]; Lin, 2007[③])。

根据工作特性理论,知识与技能是影响工作行为转化为工作成果的重要因素,即使员工具有很强的成就愿望并付出了很大的努力,但如果没有相应的知识与技能作为保证,也未必能够取得预期的成果。因此,从工作特性角度,知识异质性对知识共享有效性有着非常重要的影响。

首先,知识共享会提升团队成员的共享满意程度,在知识异质性较高的知识团队中,每个知识员工所拥有的知识都会具有更强的独特性与唯一性,知识贡献行为会充分展现个体知识的价值,会使得知识贡献者获得更多的认可与尊重,从而产生更强的满足感;另一方面,对知识搜集者而言,在知识异质性更高的团队中,会有机会接触到更多新的知识,改善自己的知识结构,相对于知识结构单一的团队,较高的知识异质性能够为团队成员提供更多的学习机会,也会提高对团队知识共享的满意程度。因此,在较高的知识异质性团队中,团队知识共享与共享满意之间的关系会更为显著。

---

① Teece D.J.. Capturing value from knowledge assets: the new economy, markets for know-how and intangible assets [J]. *California Management Review*, 1998 (40):55-79.

② Gray R. J.. Organizational climate and project success [J]. *International Journal of Project Management*, 2001,19:103-109.

③ Lin H. F.. Knowledge sharing and firm innovation capability: an empirical study [J]. *International Journal of Manpower*, 2007, 28(3/4):315-332.

　　其次,知识共享会促进团队的知识整合与知识创新,大卫和蒂斯(David & Teece,1989)①指出,知识共享是提高创新绩效的重要途径,格雷(Gray,2001)②也指出,团队无法实现创新的主要问题之一就是缺乏知识共享,因为知识共享会使得个体知识不断地系统化与社会化,并在这一过程中得到重构与发展,其中知识贡献提供了用于融合与发展的知识资源,而知识搜集则体现了知识的内化与社会化过程(Lin,2007)③,汉森(Hansen,1999)④还特别强调知识搜集对于创新类的组织具有更为关键的作用。知识共享对知识整合与知识创新的作用主要是通过团队成员的交互行为实现的,但另一个无法忽视的因素是共享的内容——知识,泰勒和格雷沃(Taylor & Greve,2006⑤)就强调了创新的来源包括用于创新的知识以及个体或团队运用已有知识的能力,由于创新能力在短期内不易变化,具有相对稳定性,因此知识资源对于知识整合与创新就显得尤为重要。异质性的知识为知识整合与创新提供了更好的资源条件,佩里·史密斯和莎莉(Perry-Smith & Shalley,2003)⑥就指出,当

---

　　① David F.R., Pearce J.A., Randolph W.A.. Linking technology and structure to enhance group performance [J]. *Journal of Applied Psychology*, 1989, 74, 233-241.

　　② Gray R. J.. Organizational climate and project success [J]. *International Journal of Project Management*, 2001, 19:103-109.

　　③ Lin H.F.. Effects of extrinsic and intrinsic motivation on employee knowledge sharing intentions [J]. *Journal of information science*, 2007, 33(2):135-149.

　　④ Hansen M T. The search-transfer problem: the role of weak Ties in sharing knowledge across organization subunits [J]. *Administrative Science Quarterly*, 1999, 44 (1):82-111.

　　⑤ Taylor A, Greve H R. Superman or the fantastic four? knowledge Ccmbination and experience in innovative teams [J]. *Academy of Management Journal*, 2006, 49(4):723-740.

　　⑥ Perry-Smith J.E., Shalley C.E.. The social side of creativity: a static and dynamic social network perspective [J]. *The Academy of Management Review*, 2003, 28(1):89-106.

遇到不同观点、方法或思想时,人们的思维往往更加发散,更容易触发产生新想法。因此在良好的团队共享状态下,异质性知识为团队的知识整合与创新提供了更加优质的知识资源,一方面具有异质性知识的员工通过知识贡献行为会形成更大的团队知识池,并提供更多样的观点,增加了团队的认知资源;另一方面,异质性的知识资源会对员工造成更强烈的思想和观念冲击,更容易激发新的想法和观点产生。与认知资源观点及信息过程观点等类似,工作特性理论也认为知识与技能是实现工作成果的重要保证。因此,在此我们研究假设:

H1‴:知识异质性调节团队知识共享与共享有效性的关系:知识异质性程度越高,团队知识共享与共享有效性的关系越强;

H2‴:知识异质性调节团队知识贡献与共享有效性的关系:知识异质性程度越高,团队知识贡献与共享有效性的关系越强;

H3‴:知识异质性调节团队知识搜集与共享有效性的关系:知识异质性程度越高,团队知识搜集与共享有效性的关系越强。

6.2.3 实证分析与研究结论

为验证知识异质性对共享有效性的影响,本研究采用实证研究方法进行验证。

(1) 样本基本信息。

选择知识团队样本共计 99 个,参与问卷调研的共计 789 人,团队平均规模 7.97 人。其中 4～6 人的团队 36 个,7～9 人的团队 35 个,10～12 人的团队 17 个,12 人以上的团队 11 个。团队成立时间 0～6 个月的 21 个,7～12 个月的 23 个,13～18 个月的 5 个,19～24 个月的 17 个,25～30 个月的 1 个,31～36 个月的 9 个,36 个月以上的 23 个。

（2）构念测量量表。

知识贡献与知识搜集的量表来自迪弗里斯、范登霍夫和里德（De Vries，van den Hooff & Ridder，2006）[1]的研究，Cronbach α值分别为 0.795 和 0.799；知识异质性量表来自蒂瓦纳和麦克林等（Tiwana & Mclean，2005）[2]的研究，Cronbach α 值为 0.790；共享满意的量表来自疏礼兵（2007）[3]的研究，知识整合的量表来自蒂瓦纳和麦克林等（Tiwana & Mclean，2005）的研究，团队创新的量表来自拉芙蕾丝、夏皮洛和魏因加特（Lovelace，Shapiro & Weingart，2001）[4]的研究，共享有效性三个构念的 Cronbach α 值分别为0.907、0.880、0.760。

（3）主要构念的描述。

主要构念的描述性统计如表 6-1 所示。回归分析的结果如表 6-2所示。在知识贡献与知识搜集对共享有效性正相关的基础上，检验知识异质性的调节效应，将团队知识共享、知识贡献、知识搜集与知识异质性等构念进行标准化后的交互项进入回归，回归结果表明：知识异质性对团队知识共享与共享有效性关系的调节效应达到显著（$\beta = -0.163$，$p = 0.036$），因此 H1''' 成立。进一步再分析

---

① De Vries R.E., van den Hooff B., de Ridder J.A.. Explaining knowledge sharing the role of team communication styles, job satisfaction, and performance beliefs [J]. *Communication Research*, 2006, 33(2):115-135.

② Tiwana A., Mclean E. R.. Expert integration and creativity in information systems development [J]. *Journal of Management Information Systems*, 2005, 22(1):13-43.

③ 疏礼兵. 企业研发团队内部知识转移的过程机制与影响因素研究[M].杭州：浙江大学出版社,2007.

④ Lovelace K., Shapiro D.L., Weingart L. R.. Maximizing cross-functional new product teams' innovativeness and constraint adherence: a conflict communications perspective [J]. *Academy of Management Journal*, 2001, 44(4):779-793.

知识贡献与知识搜集两个维度的影响发现,知识异质性对知识贡献与共享有效性的调节效应未达到显著($\beta=-0.056$,$p=0.506$),而知识异质性对知识搜集与共享有效性关系的调节作用则达到显著水平($\beta=-0.163$,$p=0.032$),因此 H2‴不成立,H3‴成立。

表6-1　主要构念的描述性统计分析

	均值	标准差	团队规模	团队成立时长	知识贡献	知识搜集	团队知识共享	共享有效性	知识异质性
团队规模	7.97	3.30	1.000						
团队成立时长	29.52	34.42	0.141	1.000					
知识贡献	4.70	0.34	−0.207*	0.057	1.000				
知识搜集	5.15	0.29	−0.178	−0.044	0.655**	1.000			
团队知识共享	4.93	0.29	−0.213*	0.011	0.924**	0.894**	1.000		
共享有效性	4.47	0.36	−0.197	−0.196	0.629**	0.655**	0.704**	1.000	
知识异质性	4.19	0.38	−0.055	−0.172	0.268**	0.212*	0.266**	0.388**	1.000

注:(1) N = 99;团队规模单位为"人";团队成立时长单位为"月"。
(2) ** 表示在 0.01 水平(双侧)上显著相关;* 表示在 0.05 水平(双侧)上显著相关。

表6-2　回归分析结果

	模型1	模型2	模型3	模型4	模型5
团队规模	−0.173+	−0.009	0.000	−0.018	−0.028
团队成立时长	−0.171+	−0.143*	−0.165*	−0.144*	−0.120+
知识异质性		0.221**	0.141+	0.278***	0.226*
团队知识共享		0.568**	0.612***		
团队知识共享 * 知识异质性			0.163*		
知识贡献				0.432***	0.434***
知识搜集				0.463**	0.509***
知识贡献 * 知识异质性					0.056
知识搜集 * 知识异质性					0.163*

注:*** 表示在 0.001 水平(双侧)上显著相关;** 表示在 0.01 水平(双侧)上显著相关;* 表示在 0.05 水平(双侧)上显著相关。

我们的研究假设认为,知识异质性会调节知识共享与共享有效性的关系,即知识异质性越高,知识共享与共享有效性之间的关系会越显著。检验结果表明,团队知识共享与团队有效性之间的关系会受到知识异质性的正向调节,这表明知识异质性越高的团队,团队知识共享对团队有效性的作用越明显。从知识贡献与知识搜集两个维度再来做进一步分析,结果却出现差异:知识贡献对共享有效性是正向作用,但知识异质性对这一作用的调节效应并未达到显著水平,说明知识异质性对知识贡献与共享有效性的关系的影响并不显著;而知识搜集对共享有效性的关系则受到知识异质性的正向调节。

这一实证分析结果充分体现了不同共享行为对团队有效性的作用差别:无论知识异质性程度高低,知识贡献与共享有效性的关系并未受到明显影响,这可能是因为知识贡献只是将个体知识转化为了团队公共知识,为团队产出提供了必要非充分条件,知识异质性高,意味着通过知识贡献会形成更多的团队知识,但这些知识资源需要有相应的主体进行处理和利用才能发挥作用,所以知识贡献对团队产出的间接作用并未受到知识资源异质性的显著影响。与知识贡献不同,知识搜集是知识的接收和利用过程,会将已有的团队知识转化为个体能力与创新思维,对团队产出有着更为直接的影响,知识异质性程度高带来的多样性知识,通过个体的吸收与发展后更容易产生观点的碰撞与发展,更加有利于团队产出,因此知识异质性的调节作用更为显著。汉森(Hansen,1999)[①]就特别强调

---

① Hansen M.T.. The search-transfer problem: The role of weak ties in sharing knowledge across organization subunits [J]. *Administrative Science Quarterly*, 1999, 44(1):82-111.

知识搜集对于创新类的组织而言具有更为关键的作用。

知识异质性对知识共享与共享有效性关系的调节效应分析,进一步证实了知识贡献与知识搜集行为的差别,表明通常认为的"知识共享有利于创新"的观点并不十分准确,影响创新的关键是知识搜集行为。我们的研究通过对知识贡献与知识搜集两种行为所受影响及对团队产出影响的分析,充分说明以整体形式研究知识共享会掩盖共享行为的实质,两种知识共享行为有不同的行为特征与作用,相辅相成,共同发挥作用。

6.3 共享行为结构对团队有效性的影响

基于知识基础观(knowledge-based view),企业的核心能力源自企业促进内部成员间的知识共享(Grant,1996b)[①],知识共享的重要性得到了学术界和实践界的普遍认同,已成为众多研究关注的焦点。现有的理论与实证研究都证实:知识共享能够有效促进组织和团队绩效(Hansen,1999)[②],但管理实践中却经常出现"有共享、无效果"的尴尬局面,很多开展知识共享的组织或团队无法实现预期的目标,有时甚至会阻碍项目的执行(Haas & Hansen,2007)[③]。

在管理实践中,团队是组织开展知识共享活动的重要载体。团

---

① Grant R. M.. Toward a knowledge-based theory of the firm [J]. *Strategic Management Journal*, 1996b, 17(Special Issue):109-122.

② Hansen M. T.. The search-transfer problem: the role of weak ties in sharing knowledge across organization subunits [J]. *Administrative Science Quarterly*, 1999, 44(1):82-111.

③ Haas M. R., Hansen M. T.. Different knowledge, different benefits: toward a productivity perspective on knowledge sharing in organizations [J]. *Strategic Management Journal*, 2007, 28:1133-1153.

队是个体为了共同目标而分工协作的一种组织形式(Cohen & Bailey，1997)①，团队成员的知识和技能具有相互依赖性(Pinto et al.，1993)②，团队成员个体拥有的知识及技能的交互协同往往能产生大于个体之和的团队绩效。但是构成团队的成员是如何影响团队内部过程和团队产出的，我们却知之甚少，这也阻碍了团队效能的最大化发挥(Barrick et al.，1998)③。行为视角的研究通常将团队知识共享行为作为整体构念来研究其前因和影响，而对于团队内部的共享行为结构却少有关注，大多数情况下团队知识共享都被当作"黑箱"。根据团队构成理论(group composition theories)，个体行为往往对团队产出有重要影响，而且个体间的交互效应也是影响团队有效性的重要因素。那么在团队知识共享过程中，团队成员个体的共享行为是如何交互并影响团队产出的，这是一个亟须探讨的问题。

根据知识共享效能阶段论的观点，知识共享不同阶段的目标是有差异的，如初级阶段可能以提高工作效率为主，高级阶段则以知识创新为主(何会涛，2011)④。团队由于所处发展阶段和任务特征不同，实施知识共享的主要目标也会大相径庭，如有的团队是为了

---

① Cohen S.G., Bailey D.E.. What makes teams work: group effectiveness research from the shop floor to the executive suite [J]. *Journal of Management*. 1997, 23(3):239-290.

② Pinto M.B., Pinio J.K., Prescott J.E.. Antecedents and consequences of project team cross-functional cooperation [J]. *Management Science*, 1993, 39(10):1281-1297.

③ Barrick, Murray R., Stewart G.L. et al.. Relating member ability and personality to work-team processes and team effectiveness [J]. *Journal of Applied Psychology*, 1998, 83(3):377-391.

④ 何会涛.知识共享有效性研究:个体与组织导向的视角[J].科学学研究,2011,29(3):403-412.

"避免资源个人化"而强调知识的转移扩散,有的是通过互助提高工作效率或工作质量,而有的则为了通过共享促进创新。面对这些性质不同的管理目标,将团队知识共享作为整体构念的研究模式无法有效满足管理实践的需求,必须深入分析团队知识共享行为结构的特征及其对共享有效性的作用机制,从而制定有针对性的知识共享策略,这是团队知识管理实践亟待解决的问题。

基于以上问题,本研究将深入分析团队知识共享的行为结构特征,并探讨不同行为结构对共享有效性的影响,试图打开团队知识共享的"黑箱",为知识管理实践提供理论指导。

6.3.1 共享行为结构的研究基础

1. 关于行为结构的基本观点

团队能够有效促进组织的运营效率和创新,是通过团队成员之间的协作将个体的知识与技能结合起来实现的,团队绩效是团队成员互动的结果,个体投入必须以某种团队互动形式影响团队产出,这种互动的结果就形成了团队内的行为结构,但是目前的研究对于个体之间是如何相互作用,所形成的行为结构对团队产出影响等仍然不够深入(宝贡敏,钱源源,2009)①。宝贡敏和钱源源(2009)指出,以往的团队行为研究大多关注团队成员行为的平均水平,其研究假设是只要提高每个团队成员的行为强度,就会提升团队的整体产出,通过对团队行为不同聚合方式的研究,宝贡敏等人发现团队管理也需要重视内部行为结构,在团队中个体行为是通过群体互动

---

① 宝贡敏,钱源源.多层次视角下的角色外行为与团队创新绩效[J].浙江大学学报(人文社会科学版),2009(6):1-9.

和群体规范在团队层面形成一定的结构布局,团队产出是个体投入以某种形式结合产生的群体结果,而不仅仅是个体绩效的简单加和,以往对团队成员的研究大多集中于团队成员的特征、个性、能力等,而与绩效产出关系更为直接的行为的相关研究则不多,尤其是不同行为结构对团队产出的作用效果更是少有研究。

斯图尔特、富尔默和巴里克(Stewart, Fulmer & Barrick, 2005)[1]等也指出团队能够将个体的贡献协同起来,但是有时候也会产生损耗和无效率,但是遗憾的是,个体贡献如何相互协调聚合成团队层面构念的融合过程目前还少有研究。

群体构成理论(group composition theories)认为,在某些情境下团队成员个体的极端行为往往会对团队产出有着重要影响(Barrick, 1998[2];Yee Ng & Van Dyne, 2005[3])。当团队任务无法分解为一系列可以由单个成员独立完成的子任务时,必须依赖团队成员间的协作,在这种情况下,团队的行为结构会对团队的协作效果产生明显影响,进而影响到团队绩效。在某些情况下,团队成员之间过大的差异可能会损害团队绩效,例如齐勒和艾登(Tziner & Eden, 1985)[4]就指出,高水平的成员与同样高水平的成员共同工作时会产生更高的绩

---

① Stewart G.L., Fulmer I.S., Barrick M.R.. An exploration of member roles as A multilevel linking mechanism for individual traits And team outcomes [J]. *Personnel Psychology*, 2005, 58:343-365.

② Barrick M.R., Stewart G.L., Neubert M.J. et al.. Relating member ability and personality to work-team processes and team effectiveness [J]. *Journal of applied psychology*, 1998, 83(3):377.

③ Ng K.Y., van Dyne L.. Antecedents and performance consequences of helping behavior in work groups a multilevel analysis [J]. *Group & Organization Management*, 2005, 30(5):514-540.

④ Tziner A., Eden D.. Effects of crew composition on crew performance: does the whole equal the sum of its parts? [J]. *Journal of Applied Psychology*, 1985, 70:85-93.

效。巴里克等(Barrick et al.，1998)[①]指出，团队成员的尽责特征差异程度会降低团队绩效，他们将这种差异归结为团队成员贡献不平等的影响。团队成员投入的不对等会在团队内部尤其是对那些高投入的成员产生挫败感和不满。

2. 知识共享行为结构

学者们通常以过程视角、结构视角、行为视角等研究知识共享，其中，行为视角的研究关注知识共享主体的活动。根据共享活动主体的不同，知识共享行为一般分为知识发送方的供给行为和知识接收方的获取行为(Ardichvili et al.，2003)[②]。范登霍夫等人(van den Hooff et al.，2004)[③]将知识共享定义为个体间交换知识并共同创造新知识的过程，并将共享行为划分为知识贡献(donating)和知识搜集(collecting)两个维度，前者是指与他人交流自己所拥有的知识的行为，后者则指向他人咨询以获取知识的行为。廖等人(Liao et al.，2007[④])进一步指出，有效的知识共享是由员工愿意贡献知识并渴望搜集知识两种行为所驱动的知识共享循环。为了更深入地研究知识共享机制，一些学者开始同时研究共享行为的两个

---

① Barrick，Murray R.，Stewart G.L. et al. Relating Member Ability and Personality to Work-team Processes and Team Effectiveness [J]. *Journal of Applied Psychology*，1998，83(3):377-391.

② Ardichvili A.，Page V.，Wentling T.. Motivation and Barriers to participation in virtual knowledge sharing communities of practice [J]. *Journal of Knowledge Management*，2003，7(1):64-77.

③ van Den Hooff B.，De Leeuw，van Weenen F.. Committed to share: commitment and CMC use as antecedents of knowledge sharing [J]. *Knowledge and Process Management*，2004(11):13-24.

④ Liao S.，Fei W.C.，Chen C.C.. Knowledge sharing，absorptive capacity，and innovation capability: an empirical study of taiwan's knowledge-intensive industries [J]. *Journal of Information Science*，2007，33(3):340-359.

维度,分析共享行为不同维度的影响机制及相互间的关系(De Vries et al.,2006①;Reinholt et al.,2011②),这种模式为研究知识共享提供更全面的框架,有助于分析知识共享的内在作用机制。然而在团队内部知识共享过程中,团队成员往往同时扮演着贡献者和搜集者两种角色,在贡献自己知识的同时,也在获取团队其他成员的知识,两种行为共同作用才能使得知识在团队内循环起来。基于此,我们的研究沿用范登霍夫的观点,将团队知识共享行为划分为知识贡献和知识搜集两个维度,认为团队知识贡献行为和知识搜集行为是团队成员个体贡献行为和搜集行为在团队层面的聚集(aggregation),前者表示团队内部知识分享的状态,后者表示团队内知识获取和团队学习的状态。

根据多层次理论(multilevel theory),团队层次构念可以分为整体型(global)、共享型(shared)和构成型(configural)三类(Kozlowski & Klein,2000)③,其中共享型和构成型都是个体层次构念在团队层次的聚集。个体层面的构念一般通过均值、极值、方差等操作方法实现向团队层面聚集,具体方法的选择则取决于团队任务的特性和研究目的。

---

① De Vries R.E., van den Hooff B., de Ridder J.A.. Explaining knowledge sharing the role of team communication styles, job satisfaction, and performance beliefs [J]. *Communication Research*, 2006, 33(2):115-135.

② Reinholt M., Pedersen T., Foss N.J.. Why a central network position isn't enough: the role of motivation and ability for knowledge sharing in employee networks [J]. *Academy of Management Journal*, 2011, 54(6):1277-1297.

③ Kozlowski S.W.J., Klein K.J.. A multilevel approach to theory and research in organizations: contextual, temporal, and emergent processes [A]. in Klein K J, Kozlowski S W J. (Eds.) *Multilevel Theory, Research, and Methods in Organizations: Foundations, Extensions, and New Directions* [M]. Jossey-Bass., 2000.

　　团队知识共享是团队成员之间通过互动或相关媒介交换与工作相关的知识并加以吸收、应用、创新和重构的过程(郝文杰，2008)①，大多数研究都是将团队知识共享作为整体型或共享型构念，研究团队共享的整体或平均水平。斯图尔特等人(Stewart et al.，2005)②指出，为了反映个体行为通过在团队层次的集体互动来影响团队产出，可以用反映平均强度和离散程度的操作方法来构建团队层面构念。钱源源(2010)③对构成型的知识共享构念的实证分析，证实了团队知识共享行为均值、极值和方差对创新绩效有不同的作用，也为利用不同操作方法来构建团队构念提供了支持。

　　伊和范达因(Yee Ng & van Dyne，2005)④在研究团队帮助行为时，在团队层面将帮助行为作为构成型(configural)构念，实证研究结果表明团队成员帮助行为的差异与团队绩效负相关，那些团队成员帮助行为差异较大的团队尽管表现出较高的平均帮助行为，但是这些团队的绩效水平却低于那些均值低但行为差异更小的团队，研究结果表明，将个体行为按照均值聚合为团队行为的研究方法忽视了团队内部行为结构的影响，其显示意义表现为当面临联合型任务时，除了要关注团队成员的行为平均强度外，还要关注团队成员的行为差异，尽量缩小团队成员的行为变异程度。

---

　　① 郝文杰. 企业研发团队知识共享的内在机制与影响因素研究 [D]. 哈尔滨工业大学，2008.

　　② Stewart G.L.，Fulmer I.S.，Barrick M.R.. An exploration of member roles as A multilevel linking mechanism for individual traits and team outcomes [J]. *Personnel Psychology*，2005，58:343-365.

　　③ 钱源源.员工忠诚、角色外行为与团队创新绩效的作用机理研究:一个跨层次的分析[D].浙江大学，2010.

　　④ Ng K.Y.，van Dyne L.. Antecedents and performance consequences of helping behavior in work groups a multilevel analysis [J]. *Group & Organization Management*，2005，30(5):514-540.

钱源源(2010)①就指出,以往研究者们大多都将目光投向个体行为在群体内的同质部分,用平均程度或整体强度来表示群体概念,但实际上群体内个体成员的行为是不完全相同的,这种个体的行为差异在团队层面表现为相应的结构,如两极分化式分布、少数群体偏离式分布、群体成员离散式分布等,这些结构可能会对团队产出产生影响,因此对群体行为的研究要加强对构成型概念的研究。宝贡敏和钱源源(2009)②的研究发现,帮助行为与建言行为在团队层次的不同结构对团队创新绩效有着不同影响,帮助行为与建言行为的团队均值与团队创新正向相关,团队内帮助行为的极小值与建言行为的极大值和团队创新正相关,因为根据少数派理论,某些人的创新能力会带动整个团队的创新绩效,而建言行为的的方差对团队创新有正相关作用。

我们的研究基于行为结构与知识共享研究的相关理论,利用团队构念构建的不同方法,来具体分析团队知识共享的行为结构。

6.3.2 团队知识共享的行为结构特征

为了打开团队知识共享"黑箱",分析掩盖在团队知识共享整体构念下的结构特征,我们的研究将深入分析团队知识共享的行为结构。在团队知识共享构念的维度上,根据范登霍夫等人(van den Hooff et al.,2004)③对知识共享的定义,将知识共享划分为知识贡

---

① 钱源源.员工忠诚、角色外行为与团队创新绩效的作用机理研究:一个跨层次的分析[D].浙江大学,2010.

② 宝贡敏,钱源源.多层次视角下的角色外行为与团队创新绩效[J].浙江大学学报(人文社会科学版),2009(6):1-9.

③ van Den Hooff B., De Leeuw Van Weenen F., Committed to share: commitment and CMC use as antecedents of knowledge sharing [J]. *Knowledge and Process Management*, 2004(11):13-24.

献和知识搜集两个维度。在团队知识共享构念的操作方法上,根据多层次理论,采用均值(强度)和方差(差异)两种构成型构念的操作方法将个体共享行为聚集为团队共享行为。因此,我们的研究利用团队知识贡献强度和团队知识贡献差异描述团队知识贡献结构,利用团队知识搜集强度和团队知识搜集差异描述团队知识搜集结构,将团队知识共享的行为结构全面展开,形成了如图 6-2 所示的 16 种典型的团队知识共享行为结构,基本概括了管理实践中团队知识共享的各种状态。

知识搜集 \ 知识贡献		团队知识贡献强度(强)		团队知识贡献强度(弱)	
		贡献行为差异(低)	贡献行为差异(高)	贡献行为差异(高)	贡献行为差异(低)
团队知识搜集强度 强	搜集行为差异 低	(A) 普遍的贡献和普遍的搜集行为:理想的知识共享循环,个体的参与度均较高	(B) 大部分人的贡献和普遍的搜集行为:部分个体限于能力或渠道无法进行贡献	(C) 少数人的贡献和普遍的搜集:需要知识同时缺乏贡献的动机	(D) 普遍的无贡献和普遍的搜集行为:存在阻碍共享的因素,单维度行为更无法构建有效共享循环
团队知识搜集强度 强	搜集行为差异 高	(E) 普遍的贡献和大部分人的搜集行为:较好的共享状态,如部分能力强的个体无搜集行为	(F) 大部分人贡献和大部分人搜集:如团队内的局部共享或师徒制的单向知识传递	(G) 少部分人的贡献和大部分人的搜集行为:知识共享的原始状态,本能的获取和个人特质的分享	(H) 普遍的无贡献和大部分人的搜集行为:存在阻碍共享的因素,无法构建有效共享循环
团队知识搜集强度 弱	搜集行为差异 高	(I) 普遍的贡献行为与个别的搜集行为:命令要求或组织规范要求下的无目标知识贡献	(J) 大部分人的贡献行为与个别的搜集行为:命令或组织规范要求下的无目标知识贡献	(K) 个别的贡献行为及个别的搜集行为:零星的个体间知识交换,不能构成团队行为	(L) 个别的搜集行为与普遍的无贡献行为:僵化团队
团队知识搜集强度 弱	搜集行为差异 低	(M) 普遍的贡献行为和普遍的无搜集行为:命令或组织规范要求下的无目标知识贡献	(N) 大部分人的贡献行为,但无搜集行为:命令或组织规范要求下的无目标知识贡献	(O) 个别的贡献行为及普遍的无需求:僵化团队且抑制知识需求	(P) 无贡献与无搜集:僵化的团队的极端反面,个体间无沟通交流

图 6-2　团队知识共享的行为结构特征

团队知识贡献强度是团队成员个体知识贡献行为的平均程度，团队知识贡献差异是团队成员个体贡献行为的离散程度；团队知识搜集强度是团队成员个体知识搜集行为的平均强度，团队成员知识搜集差异是团队成员个体知识搜集行为的离散程度。

由于知识共享"社会困境"(Cabrera, et al., 2002)[①]的存在，知识贡献行为受到了广泛关注。无论团队成员的贡献行为是受到外生激励(如物质激励、互惠等)，还是内生激励(如助人愉悦感、自我效能等)，都有利于团队公共知识的积累，为团队其他成员的学习与知识获取提供了更多知识源，提高个体知识向团队知识转化的程度。知识搜集行为则是团队成员主动学习意愿的表现，有利于知识的转化、吸收和重构。缺少贡献行为的知识共享是"无源之水"，而搜集行为不足的知识共享则是"一厢情愿"，团队知识共享两个维度的强度和差异水平决定了共享行为的结构。

图 6-2 中，结构 A 表示团队所有成员都高水平且无差异地进行知识贡献与知识搜集，知识在有效的贡献和搜集行为驱动下在团队内传递，并得到积累和发展。结构 A 是最为理想的团队知识共享结构。

结构 F 表明团队内知识贡献和知识搜集的强度较高，但个体行为却存在明显的差异。这种行为结构最典型反映了企业管理实践中的师徒制团队，知识以单向传递为主，师傅以高强度的贡献行为为主，徒弟以高强度的知识搜集行为为主。另外，团队内的局部共享也可能表现出结构 F 的特征，团队部分成员进行高强度和高频率

---

① Cabrera A., Cabrera E.F.. Knowledge-sharing dilemmas [J]. *Organization Studies*, 2002, 23(5):687-710.

的知识交换,其他成员则由于能力、团队角色或归属感等因素则被排除在共享活动之外。结构 F 具有典型特征,其中贡献和搜集行为的差异性值得关注。

结构 K 表明团队的知识共享主要体现在少数成员的贡献和搜集行为,大部分成员的共享活动并不活跃,通常出现在无干扰的自然状态下。此时团队成员的知识贡献和知识搜集主要是内生因素(intrinsic factors)影响的自发行为,如有的成员出于助人倾向(如"热心肠")会经常主动分享自己的知识或技能。

结构 P 是与结构 A 完全相反的状态,知识贡献和知识搜集行为基本没有发生,知识在团队内处于孤立状态,呈点状分布于团队成员,成员间的沟通交流很少。结构 P 中表明共享行为受到抑制,是团队应极力避免的状态。

处于"P→K→F→A"这条路径上的共享行为结构均是贡献行为与搜集行为相对平衡的结构,其他结构都表现出贡献行为和搜集行为的一定程度失衡(行为差异或行为强度不等)。如结构 C、D、G、H 大多陷入不愿意分享知识的"共享困境",团队成员的贡献行为显著弱于搜集行为,贡献知识的动机不足。而结构 I、J、M、N 则普遍表现出强于搜集行为的贡献行为,员工的知识获取动机不足,或者是在行政命令和组织制度要求下发生的"为共享而共享"的无目的贡献行为。

通过对团队知识共享行为结构特征的分析,进一步揭示出了团队知识共享状态的理想发展路径(图 6-2 中箭头所示):以结构 A 为发展目标,消除抑制贡献和搜集行为的因素,增强促进贡献和搜集的因素,提高团队知识贡献和知识搜集的强度,并加强两个维度行为的匹配程度。

通过以上分析可见,团队层面的知识共享具有复杂的行为结构,团队成员的个体行为交互形成团队的行为结构,不同的行为交互方式会对团队产出有着不同的影响。

6.3.3　团队知识共享行为结构对共享有效性的影响

我们的研究仍然沿用共享有效性的定义及衡量方式,将共享满意、知识整合与团队创新三个维度作为团队知识共享有效性的内容。根据对团队知识共享行为结构特征的分析,不同的结构将会对共享有效性的不同维度产生不同的影响。

1. 共享行为结构对共享满意度的影响

知识贡献行为与知识搜集行为对共享满意度的交互作用。共享满意度是团队成员对团队知识共享过程、内容及共享结果的感知评价。首先,当团队成员的共享行为能够得到有效的回应时,即在贡献知识时其他成员能够有效接收并及时给予反馈,在搜集知识时其他成员能够有效分享及时满足自己的需求,成员对共享过程的满意程度会增加;其次,通过知识贡献行为,贡献者能够在团队中获得更高程度的认可或尊重,自我实现程度提高,同时通过知识搜集行为,搜集者能够有效提升自己的知识与技能,自我能力会得到有效加强。因此知识贡献行为与知识搜集行为的交互作用会显著提高团队成员的共享满意程度。

共享行为差异对共享满意度的影响。在共享行为强度促进共享满意的同时,团队成员的共享行为差异也会影响到成员对团队共享的体验。一方面,团队知识贡献行为差异较大表明团队成员知识贡献行为的不平衡,有的成员贡献程度较高,而另有部分成员则很少贡献自己的知识,贡献行为的差异将在团队内造成不公平感

(Barrick et al.,1998)①,会使得那些贡献较多的成员产生挫败感,影响团队士气和凝聚力。另一方面,知识搜集行为差异则表明团队成员对知识的需求和学习动机差异较大,知识搜集差异会破坏团队的学习氛围,知识搜集行为较多的成员可能会产生孤立感。

综上,团队知识共享行为的强度会改善团队知识共享氛围,改善成员的共享满意度,而团队知识共享行为差异则会破坏团队共享氛围,降低成员对共享的满意度,行为差异越大,则团队成员的共享满意度越低。因此,团队成员对团队共享的满意不仅取决于自身的行为,还取决于团队其他成员的态度与表现。

2. 共享行为结构对团队知识整合的影响

(1)共享强度对知识整合的影响。

知识整合是将团队已有的分散的知识,通过构建知识之间的联系来形成更适合于团队任务的知识与能力,知识共享是知识整合的前提。从团队知识共享的强度来看,知识贡献强度高,会增加团队内公共知识数量和种类,为知识整合提供更加丰富的资源与素材,也为知识整合提供了更多的可能性。知识搜集的强度高,则表明团队成员对知识的需求更强,在知识得到吸收、转化与重构过程中知识得到有效整合的可能性更高,实际上知识搜集过程也是一种潜在的知识整合过程,搜集强度越高越有利于知识整合。因此,无论是知识贡献还是知识搜集,更高的行为强度都会有利于团队知识整合。

(2)共享差异对知识整合的影响。

同样的,团队成员共享行为的差异也会影响到知识整合的效

---

① Barrick, M.R., Stewart G.L., et al.. Relating member ability and personality to work-team processes and team effectiveness [J]. *Journal of Applied Psychology*, 1998, 83(3):377-391.

果。一方面,知识贡献行为的差异表明团队成员参与贡献的程度不同,差异越大则表明成员贡献出来的知识的多样性越低,单一的知识不利于重构知识间的关系,会影响到知识整合的效果;另一方面,知识搜集行为的差异也表明团队成员对知识的需求和吸收发展的程度不同,搜集行为差异越大表明参与知识吸收整合的团队成员多样性越低,不利于知识间多样性关系的构建,也会影响到知识整合的效果。

3. 共享行为结构对团队知识创新的影响

团队知识创新是知识共享的最高阶段目标,也是知识整合的成果体现。创新需要团队成员充分交换知识,知识交换的频率和程度越高,吸收的效果越好,知识得到发展的可能性越大。这就要求团队成员尽可能地参与团队知识共享活动,一方面要充分地贡献自己的知识,另一方面也要尽可能搜集他人的知识,因此强度高且差异低的知识贡献和知识搜集结构最有利于团队知识创新。相关实证研究也证明了知识共享强度促进团队创新,知识共享差异不利于团队创新的结论(钱源源,2010)①。

知识只有在团队成员间进行交换才能得到发展和增长,团队成员通过共享得到提升,成员之间通过共享增强协同能力,最终达到提高有效性的目的。在个体层面,发送者的贡献和接收者的搜集共同作用才会产生有效的贡献,在团队层面,团队成员的知识贡献行为只是提供了知识来源,配合成员的知识搜集行为才能使知识得到吸收和转化,知识贡献和知识搜集两个维度对于有效的知识共享缺

---

① 钱源源.员工忠诚、角色外行为与团队创新绩效的作用机理研究:一个跨层次的分析[D].浙江大学,2010.

一不可。当两种行为达到平衡时,团队知识共享的有效性才能最大程度体现,如果出现失衡,则可能会出现知识供给过剩(图 6-2 中的左下区域)或知识供给不足(图 6-2 中的右上区域)的情况。因此,知识贡献和知识搜集两种行为是交互影响、共享有效性的,这也是以往研究中经常忽视的问题。

综上,团队知识共享对共享有效性的作用并非简单的线性关系,不同的管理目标需要相应的共享行为结构支撑。我们的研究对团队知识共享结构特征的阐述,以及对共享行为结构与共享有效性关系的探讨,有效深化了团队知识共享的研究。

6.4 团队有效性的改善策略及建议

由以上研究内容与研究结论可见,作为团队属性的知识异质性对团队产出有重要影响,同时共享行为差异也会影响团队产出。因此在管理实践中,为了提高团队产出,应该从团队构成与团队知识共享管理等几个方面同时着手。

从团队构成方面,我们的研究证实,团队知识异质性会增强知识共享与团队产出之间的关系,异质性的知识为团队提供了更加多样化的知识资源,为团队知识整合与知识创新奠定了良好基础,因此在管理实践中,尤其是在构建知识团队时,需要考虑团队成员的知识背景差异,在围绕团队目标组建团队时要适当提高团队的知识异质性程度,选择知识结构与经验履历有所差异的成员来构建团队。

从团队知识管理方面,首先,要关注贡献行为和搜集行为的匹配,避免共享结构失衡导致"有共享、无效果"。很多组织和团队将知识管理重点放在激励员工贡献知识,投入大量资源构建系统、实施激励等方面,却忽视了成员的知识需求以及知识搜集动机,造成组织沉积大量的冗余知识,并没有达到预期的效果。所以,要理解知识贡献和知识搜集的交互作用,既要充分调动团队成员贡献知识的积极性,也要重视团队成员的知识搜集行为,形成以搜集带动贡献,以贡献促发搜集的有效交互。

其次,要根据团队的发展阶段和管理目标实施有针对性的共享策略。对于创新团队,需要强度高差异低的贡献和搜集行为结构,要提高所有成员的共享行为,积极参与知识贡献和知识搜集。对于以效率为主的团队,知识共享的重点则是将提高效率的知识充分传递给每个成员,以单向知识传递为主,体现为强度高、差异高的贡献和搜集行为结构,所以,应当激发高效率成员的贡献行为和其他成员的搜集行为。知识共享要考虑成本和收益关系,充分的知识共享需要大量的资源投入和管理支持,并非适用于所有团队,在实践中应该根据自身情况选择最合适的共享策略。

此外,要关注团队成员个体共享行为的差异。团队成员共享行为差异不仅会影响共享有效性,也会影响团队共享氛围,因此,要特别关注团队成员行为差异及具体原因。如团队中贡献行为较弱的成员,可能缺乏共享意愿或缺乏贡献能力,甚至是不具备贡献的知识储备;搜集行为较弱的成员,也可能是意愿不够、搜集能力较弱、渠道不足等多方面的原因。有效识别团队成员共享行为差异,并针对性地制定改进措施,往往能起到事半功倍的效果。

后　记

　　本书从正式制度的激励视角和非正式制度的文化视角，分别在个体层面和团队层面对知识共享的行为过程、机理、有效性与管理对策展开了全面且系统的研究，并取得了一系列有价值且有趣的研究结论。鉴于本书研究议题的复杂性，加之囿于时空、人力、物力等客观因素的制约，研究过程难免存在不尽完备之处，尚有如下研究议题有待后续展开进一步探索。

　　首先，在正式制度的激励视角方面，本书探讨了内在激励和外在激励对员工知识共享的作用机理。虽然本书在该领域根据理论回顾和实践探索选取了各种不同的激励因素做了实证研究，但是鉴于内在激励和外在激励的因素繁多，本书并未能一一验证，同时未来的研究可以关注内在和外在激励之间的交互效应，以及内在激励和外在激励与异质性的个体心理需求的匹配机制。

　　其次，在非正式制度的文化视角方面，本书在国家及组织层面的文化因素与员工知识共享的探讨中对文化本身的理解和认知未必全面、准确。在现实的管理实践中，构成国家文化和组织文化的各维度之间也并非独立，而是相互关联、互动的。因此，未来的研究可以关注国家文化与组织文化及其构成要素之间的交互效应，探讨国家文化和组织文化的契合度对知识共享的影响，更可以在国家文化和国家制度、社会体制等非文化因素互动的情境中研究组织成员的知识共享行为。

　　再次，在知识共享有效性视角方面，本书从团队层面探索了团队的知识结构和团队的行为结构对团队知识共享有效性的影响。但相关理论和实践研究表明，知识共享并不必然带来高绩效的团队产出，因此，如何促使知识共享转化为更有效的团队产出（如知识创造、技术创新、绩效提升等），是未来知识管理研究领域的重点方向。另外，如果延续本书的理论视角，正式制度的激励和非正式制度的文化同样也是影响团队产出的关键性要素，因此，如何从激励和文化的角度研究团队知识共享与团队产出之间的关系也是后续研究值得关注的焦点议题之一。

　　本书是作者近年在知识管理领域研究积累的成果。本书的研究和本书的出版得到了中国国家自然科学基金委（NSFC）的项目资助，分别为：国家自然科学基金面上项目"知识转移的困境：知识特性、知识所有权与组织激励"（70872044），国家自然科学基金面上项目"团队知识共享跨层次研究：前因、结构与有效性——中国情境文化特征的调节作用"（71272106）；在此表示由衷的谢忱。同时，本书的诞生也凝聚着各位领导、友人、同事的关怀以及家人的支持，在此一并表示感谢！

图书在版编目(CIP)数据

激励与文化视角下的知识共享研究/杨忠等著.—
北京:商务印书馆,2015
ISBN 978-7-100-11505-6

Ⅰ.①激… Ⅱ.①杨… Ⅲ.①知识管理-研究 Ⅳ.
①G302

中国版本图书馆 CIP 数据核字(2015)第 186476 号

激励与文化视角下的知识共享研究
杨 忠 等著

商 务 印 书 馆 出 版
(北京王府井大街 36 号 邮政编码 100710)
商 务 印 书 馆 发 行
山 东 临 沂 新 华 印 刷 物 流 集 团
有 限 责 任 公 司 印 刷
ISBN 978-7-100-11505-6

2015 年 9 月第 1 版 开本 640×960 1/16
2015 年 9 月第 1 次印刷 印张 17.25
定价:40.00 元